特高压线路工程施工质量验收统一表式

填写指导手册

国家电网有限公司特高压建设分公司 编

中国电力出版社
CHINA ELECTRIC POWER PRESS

内 容 提 要

为深化应用《110kV～1000kV架空输电线路工程施工质量验收规程》（Q/GDW 10121—2022），强化特高压线路工程施工质量过程管控，推动工程施工质量验收和档案资料管理水平持续提升，满足各级检查、验收及资料移交等工作需要，规范施工质量验收统一表式的相关内容，国家电网有限公司特高压建设分公司编写了《特高压线路工程施工质量验收统一表式填写指导手册》。

本手册分为质量验收范围划分、阶段质量验收记录、质量记录三章，其中第一章梳理了特高压线路工程质量验收范围划分；第二章重点介绍了检验批、分项工程、分部工程、单位工程四个阶段的质量验收记录，提供填写参考；第三章针对原始记录和隐蔽工程签证记录两类质量记录表格进行介绍，并给出填写范例。

本手册具有较强的指导性，可供从事特高压线路工程建设的专业技术人员学习使用，也可为工程质量、档案等管理人员提供借鉴和参考。

图书在版编目（CIP）数据

特高压线路工程施工质量验收统一表式填写指导手册 / 国家电网有限公司特高压建设分公司编. —北京：中国电力出版社，2024.3
ISBN 978-7-5198-7519-0

Ⅰ. ①特… Ⅱ. ①国… Ⅲ. ①特高压输电–输电线路–架线施工–工程验收–表格–中国–手册
Ⅳ.①TM726-62

中国国家版本馆 CIP 数据核字（2024）第 044541 号

出版发行：中国电力出版社
地　　址：北京市东城区北京站西街 19 号（邮政编码 100005）
网　　址：http://www.cepp.sgcc.com.cn
责任编辑：翟巧珍（806636769@qq.com）
责任校对：黄　蓓　常燕昆
装帧设计：郝晓燕
责任印制：石　雷

印　　刷：三河市万龙印装有限公司
版　　次：2024 年 3 月第一版
印　　次：2024 年 3 月北京第一次印刷
开　　本：787 毫米×1092 毫米　16 开本
印　　张：13.5
字　　数：304 千字
定　　价：88.00 元

《特高压线路工程施工质量验收统一表式填写指导手册》

编委会

主　任	蔡敬东	种芝艺				
副主任	孙敬国	张永楠	毛继兵	刘　皓	程更生	张亚鹏
	邹军峰	张金德				
成　员	刘良军	谭启斌	董四清	刘志明	徐志军	赵江涛
	刘洪涛	张　昉	李　波	肖　健	白光亚	倪向萍
	肖　峰	王新元	张　诚	张　智	王　艳	王茂忠
	陈　凯	徐国庆	张　宁	孙中明	李　勇	姚　斌
	李　斌					

编写组

组　长	孙敬国					
副组长	赵江涛	肖　峰	邹生强			
成　员	刘建楠	何宣虎	潘宏承	吴昊亭	俞　磊	苗峰显
	李　彪	王新元	吕　铎	张晓阳	李　峰	朱　聪
	程述一	蔡刘露	彭　旺	唐　宁	田文博	张尔乐
	寻　凯	孙刚前	唐明利	李　全	魏相宇	徐　扬
	张茂盛	邱国斌	宗海迥	王俊峰	熊春友	高天雷
	陆泓昶	经翔飞	高学斌	万　杰	魏　刚	

前　言

为贯彻落实住房和城乡建设部施工质量"验评分离、强化验收、完善手段、过程控制"工作方针，深入推进输变电工程高质量建设，国家电网有限公司于 2020 年 8 月印发《关于进一步加强输变电工程施工质量验收管理的通知》（国家电网基建〔2020〕509 号）（简称 509 号文），提出并推广应用"输变电工程施工质量验收统一表式"。2022 年 10 月，《110kV～1000kV 架空输电线路工程施工质量验收规程》（Q/GDW 10121—2022）（简称 Q/GDW 10121—2022）正式实施，进一步规范了施工质量验收统一表式的相关内容。

为深化应用 Q/GDW 10121—2022，强化特高压线路工程施工质量过程管控，推动工程施工质量验收和档案资料管理水平持续提升，满足各级检查、验收及资料移交等工作需要，国家电网有限公司特高压建设分公司组织编写了《特高压线路工程施工质量验收统一表式填写指导手册》。

本手册分为质量验收范围划分、阶段质量验收记录、质量记录三章，其中第一章梳理了特高压线路工程质量验收范围划分；第二章聚焦检验批、分项工程、分部工程、单位工程质量验收表格，提供填写参考；第三章针对原始记录和隐蔽工程签证记录两类质量记录表格进行介绍，并给出填写范例。本手册具有较强的指导性，可供从事特高压线路工程建设的专业技术人员学习使用，也可为工程质量、档案等管理人员提供借鉴和参考。

由于时间仓促，加之编者水平有限，内容难免存在不足和疏漏之处，敬请广大读者批评指正。

编　者

2024 年 3 月

编　制　说　明

　　《特高压线路工程施工质量验收统一表式填写指导手册》是在 509 号文基础上，综合 Q/GDW 10121—2022 有关要求编写而成，主要目的是指导特高压线路工程施工质量验收统一表式的规范填写。

　　本手册涉及的表格均为通用模板，应用时应根据具体工程的实际情况选择相应表格，填写相应数据。

一、质量验收范围划分

　　本手册所述质量验收主要针对单位工程、分部工程、分项工程和检验批（原单元工程），验收结论为合格/不合格。经梳理现今特高压线路工程设计情况，工程的质量验收范围通常可以划分为：

　　（1）1 个单位工程。

　　（2）6 个分部工程，包括土石方、基础、接地、杆塔、架线和线路防护各 1 个。

　　（3）27 个分项工程，包括土石方 6 个、基础 8 个、接地 2 个、杆塔 1 个、架线 6 个、线路防护 4 个。

　　（4）41 个检验批，包括土石方 6 个、基础 16 个、接地 2 个、杆塔 3 个、架线 10 个、线路防护 4 个。

二、阶段质量验收记录

　　阶段质量验收记录包括检验批（表 A.1、表 A.2）、分项工程（表 A.3）、分部工程（表 A.4、表 A.5）、单位工程（表 A.9、表 A.10、表 A.11）四个阶段的质量验收记录表格。**检验批质量验收记录和分项工程质量验收记录均应随工验收、分批进行，分部工程质量验收记录应在转序前进行，单位工程质量验收记录应在投运前进行。**本部分针对 41 项检验批质量验收记录、27 项分项工程质量验收记录、6 项分部工程质量验收记录和 1 项单位工程质量验收记录给出了填写范例。表 A.1～表 A.11 来源于 Q/GDW 10121—2022。

（一）检验批质量验收记录

1. 质量验收合格判定

　　（1）主控项目检查结果应合格。

　　（2）一般项目检查结果，其中允许有偏差的项目，除有特殊要求外，每项均应有 80% 及以上的检查点符合要求且不影响使用。

（3）具有完整的施工操作依据、质量检查记录。

2. 质量验收程序

检验批质量验收记录由施工单位项目质检员填写，由专业监理工程师（业主项目部质量管理专责）组织施工单位有关人员进行验收，并按表 A.1 记录，监理单位填写表 A.1 的检查结果。依据相关资料、记录、报告等得出检查结果的，应将相关资料、记录、报告等证明文件的名称和编号等填入表 A.1 检查记录中或表（即检验批质量验收记录附件表 A.2）中。

检验批质量验收记录填写规范要求如下：

（1）检验批质量验收主要分为"检验批质量验收表"和"原始记录表"两部分。"原始记录表"是对"检验批质量验收表"的原始数据的支撑，在表 A.2 中统一上报。

（2）为更好地规范记录填写，"检验批"按照分部工程代号表示，即用"线土""线基""线地""线塔""线线""线防"表示；"原始记录表"统一用"线记"表示。

（3）"检查记录"由施工单位填写，其中质量标准为"数据类"的填写检查后"最大偏差值"，质量标准为"工艺类"的填写检查后"工艺实施情况"。

（4）"检查结果"由监理填写"合格"或"不合格"。

（5）"验收结论"由监理填写"验收合格"或"验收不合格"，隐蔽工程还应填写"同意隐蔽"或"不同意隐蔽"。

（6）"××检验批质量验收记录表"中，施工单位验收签字规定：

1）专业分包：班组质检员、班组长填写专业分包项目部班组相应人员。

2）劳务分包：班组质检员、班组长填写施工项目部班组相应人员。

（7）"质量标准"为现行《110kV～1000kV 架空输电线路施工及验收规范》（Q/GDW 10115—2022）（简称 Q/GDW 10115—2022）中相应偏差合格值。

（8）"检验批"一般以"基""处"为单位，但"线路复测"以标段、"放线"以放线区段、"紧线"以耐张段、"光缆接头衰耗测试"以单个接头盒、"光缆纤芯衰耗测试"以测试段为单位。

（9）检查记录、检查结果、验收结论及人员签字均应手签。

（10）编号原则：编号由 11 位数字组成，依次为分部工程序号、标段号、分项工程序号、检验批序号和流水号，流水号 3 位，其他 2 位。

（11）微型桩基础施工检验批质量验收记录填写说明，按灌注桩（桩体）、大开挖基础（承台+立柱施工）执行。

（12）在自立式铁塔组立分项工程中，新增"防坠落装置安装"检验批。

（13）"现浇混凝土垫层检验批质量验收记录表"取消，相关内容放在"现浇混凝土模板与钢筋检验批质量验收记录表"中。

（二）分项工程质量验收记录

1. 质量验收合格判定

（1）分项工程所含的检验批均应验收合格。

（2）分项工程所含检验批的质量验收记录应完整。

2. 质量验收程序

分项工程质量验收应在所含检验批全部验收合格的基础上，由专业监理工程师（业主项目部质量管理专责）组织施工单位项目总工、质检员等有关人员复查技术资料，并按表A.3记录。

"分项工程"质量验收记录填写规范要求如下：

（1）"施工单位检查结果"由施工填写"检查合格"或"检查不合格"。

（2）"验收结论"由监理填写"验收合格"或"验收不合格"。

（3）"说明"栏由施工填写，应填写本次验收的分项工程所包含的检验批的全部桩号、技术资料核查情况，包括相应"隐蔽工程签证记录"。

（4）检查结果、验收结论及人员签字均应手签。

（5）编号原则：编号由6位数字组成，依次为分部工程序号、分项工程序号和流水号，均为2位。

（6）在基础分部工程中，新增"螺旋锚基础施工"分项工程。

（三）分部工程质量验收记录

1. 质量验收合格判定

（1）分部工程所含分项工程的质量均应验收合格。

（2）质量控制资料应完整。

2. 质量验收程序

分部工程质量验收应在施工单位验收合格后填写工程验收申请表；总监理工程师组织监理验收，签署工程验收申请表。土石方工程可与基础工程一并组织验收。分部工程质量验收应按表A.4记录，并与表A.5（即分部工程质量控制资料核查记录）配合使用。

"分部工程"质量验收记录填写规范要求如下：

（1）同一分部工程如需组织多次质量验收的，分部工程质量验收记录（表A.4）应注明第×次验收，检验批数为本次验收的数量，验收结论应为"暂定"。同一分部工程全部验收完毕后，应填写一个总体的分部工程质量验收记录（表A.4）。

（2）"施工单位检查结果"填写"符合设计要求，检查合格"。

（3）"监理单位意见"填写"满足《规范》要求，验收合格"。

（4）"建设单位意见"填写"合格"。

（5）"综合验收结论"由监理填写"同意转续"。

（6）检查结果、验收意见、综合验收结论及人员签字均应手签。

（7）编号原则：编号由4位数字组成，依次为分部工程序号和流水号，均为2位。

3. 阶段转序现场验收过程资料

（1）杆塔组立前阶段现场验收主要内容应按表A.6记录（包括土石方、基础工程）。

（2）导地线架设前阶段现场验收主要内容应按表A.7记录（包括杆塔、接地工程）。

（3）投运前阶段现场验收主要内容应按表A.8记录（包括架线、防护工程）。

（四）单位工程质量验收记录

1. 质量验收合格判定

（1）单位工程所含分部工程的质量均应验收合格。

（2）质量控制资料应完整。

（3）主要功能项目的抽查结果应符合相关质量验收标准的规定。

2. 质量验收程序

单位工程完工后，施工单位应组织有关人员进行自检。自检合格后向监理单位申请投运前工程质量监理验收。

总监理工程师组织单位工程投运前监理验收，存在施工质量问题时，应由施工单位整改。整改完成后，由施工单位向建设管理单位提交工程竣工报告，申请工程竣工预验收。

建设管理单位收到工程预验收申请后，由业主项目经理组织运行、设计、监理、施工、物资等单位进行验收。填写表 A.9（即单位工程质量验收记录）与表 A.10（即单位工程质量控制资料核查记录）。表 A.11（即施工现场质量管理检查记录）在此阶段一并填报。"单位工程"质量验收记录填写规范要求如下：

（1）"验收结论"由监理填写"合格"。

（2）"综合验收结论"由业主填写"工程质量符合设计和有关标准要求，验收合格"。

（3）验收结论、综合验收结论及人员签字均应手签。

（4）编号原则：编号由 2 位数字组成，为标段号。

三、质量记录

质量记录包括原始记录、隐蔽工程签证记录两类，作为阶段质量验收记录的支撑性表格。本部分针对 15 个原始记录、12 个隐蔽工程签证记录给出了填写范例。线记 1～线记 15 来源于 509 号文，线隐 1～线隐 12 来源于应用"评定规程"时使用的表格。

四、示范工程规模

为便于读者更加具体直观地理解本手册内容，设置示范工程，其规模为线路长度 40km，共有铁塔 102 基，其中耐张塔 20 基、直线塔 82 基；基础型式包括大开挖基础（10 基）、灌注桩基础（10 基）、原状土基础（80 基）、锚杆基础（2 基）；架线阶段设置 5 个放线段，20 档直线接续管（以直流线路 6 分裂导线考虑压接）、10 处光缆接头盒；护坡、排水沟各 10 处。

目　　录

第一章　质量验收范围划分

（1）工程开工前，应由施工单位按工程具体情况编制工程质量验收范围划分表，经监理单位审查，建设管理单位确认。

（2）特高压线路工程质量验收范围划分表（见表 1）主要包含四部分内容，即工程编号、工程名称、验收单位、质量检验标准及检查方法。其中，表 1 增加"表式编号"内容，目的是厘清检验批项目与对应表格关系，实际应用中可以去掉。

（3）一个施工标段定为一个单位工程；每个单位工程分为六个分部工程；每个分部工程分为若干分项工程；每个分项工程中又分为若干检验批；每个检验批中有若干检查（检验）项目。

（4）质量验收范围划分应符合如下要求：

1）工程设计增加新的内容或其他与 Q/GDW 10121—2022 划分内容不符的，划分表可增加或删减。

2）单位工程、分部工程、分项工程和检验批的编号应**连续**（本手册考虑与 Q/GDW 10121—2022 质量验收范围划分表编号一致，为了方便对照，截取了特高压线路工程有关部分编号）。

表 1　特高压线路工程质量验收范围划分表

工程编号				工程名称	验收单位					质量检验标准及检查方法（引自 Q/GDW 10121—2022 中表序）	表式编号
单位工程	分部工程	分项工程	检验批		施工单位	勘察单位	设计单位	监理单位	建设管理单位		
01				输电线路工程	√	√	√	√	√		
	01			土石方工程	√	√	√	√	√		
		01		路径复测	√			√			
			01	路径复测	√			√		表 20	线土 1
		02		普通基础分坑及开挖	√	√	√	√			
			01	普通基础分坑及开挖	√	√	√	√		表 21	线土 2

续表

工程编号				工程名称	验收单位					质量检验标准及检查方法（引自 Q/GDW 10121—2022 中表序）	表式编号
单位工程	分部工程	分项工程	检验批		施工单位	勘察单位	设计单位	监理单位	建设管理单位		
01	01	04		原状土基础分坑及开挖	✓	✓	✓	✓			
			01	原状土基础分坑及开挖	✓	✓	✓	✓		表 23	线土 3
		05		桩基础分坑及开挖	✓	✓	✓	✓			
			01	桩基础分坑及开挖	✓	✓	✓	✓		表 24	线土 4
		06		电气开方	✓		✓	✓			
			01	施工基面、电气开方	✓		✓	✓		表 25	线土 5
		07		土石方回填	✓			✓			
			01	土石方回填	✓			✓		表 26	线土 6
	02			基础工程	✓	✓	✓	✓	✓		
		01		基础地基处理	✓	✓	✓	✓			
			01	湿陷性黄土基础地基	✓	✓	✓	✓		表 27	线基 1
			02	碎石桩复合地基	✓	✓	✓	✓		表 28	线基 2
			03	注浆地基	✓	✓	✓	✓		表 29	线基 3
			04	冻土地基	✓	✓	✓	✓		表 30	线基 4
		02		开挖式基础施工	✓			✓			
			01	现浇混凝土模板及钢筋❶	✓			✓		表 31	线基 5
			02	现浇混凝土施工	✓			✓		表 32	线基 6
			03	现浇混凝土结构外观及尺寸偏差	✓			✓		表 33	线基 7
		03		灌注桩基础施工	✓			✓			
			01	灌注桩成孔	✓			✓		表 34	线基 8
			02	灌注桩钢筋笼	✓			✓		表 35	线基 9
			03	灌注桩混凝土施工	✓			✓		表 36	线基 10
			04	灌注桩成桩	✓			✓		表 37	线基 11
			05	承台（连梁）现浇混凝土模板及钢筋	✓			✓		表 31	线基 5
			06	承台（连梁）现浇混凝土施工	✓			✓		表 32	线基 6
			07	承台（连梁）混凝土结构外观及尺寸偏差	✓			✓		表 33	线基 7

❶ 在 Q/GDW 10121—2022 基础上，新增"现浇混凝土垫层"检验批内容。

续表

工程编号				工程名称	验收单位					质量检验标准及检查方法（引自Q/GDW 10121—2022中表序）	表式编号
单位工程	分部工程	分项工程	检验批		施工单位	勘察单位	设计单位	监理单位	建设管理单位		
01	02	04		原状土基础施工	√			√			
			01	现浇混凝土模板及钢筋	√			√		表31	线基5
			02	现浇混凝土施工	√			√		表32	线基6
			03	现浇混凝土结构外观及尺寸偏差	√			√		表33	线基7
		05		贯入桩基础施工	√			√			
			01	先张法预应力管桩施工	√			√		表38	线基12
			04	承台（连梁）现浇混凝土模板及钢筋	√			√		表31	线基5
			05	承台（连梁）现浇混凝土施工	√			√		表32	线基6
			06	承台（连梁）混凝土结构外观及尺寸偏差	√			√		表33	线基7
		06		锚杆基础施工	√			√			
			01	基础锚杆孔成孔及锚筋加工	√		√	√		表41	线基13
			02	基础锚杆安装及混凝土灌注	√			√		表42	线基14
			03	现浇混凝土模板与钢筋	√			√		表31	线基5
			04	现浇混凝土施工	√			√		表32	线基6
			05	现浇混凝土结构外观及尺寸偏差	√			√		表33	线基7
		10		基础防腐施工	√			√			
			01	基础防腐施工	√			√		表47	线基15
		11		螺旋锚基础施工❶	√			√			
			01	螺旋锚基础锚杆成孔及安装	√		√	√		《架空输电线路螺旋锚基础施工及质量验收规范》（Q/GDW 10585—2022）	线基16
			02	现浇混凝土模板与钢筋	√			√		表31	线基5
			03	现浇混凝土施工	√			√		表32	线基6
			04	现浇混凝土结构外观及尺寸偏差	√			√		表33	线基7

❶ 在 Q/GDW 10121—2022 基础上，新增该项目。

续表

工程编号				工程名称	验收单位					质量检验标准及检查方法（引自Q/GDW 10121—2022中表序）	表式编号
单位工程	分部工程	分项工程	检验批		施工单位	勘察单位	设计单位	监理单位	建设管理单位		
01	03			接地工程	√		√	√	√		
		01		接地开挖	√			√			
			01	接地开挖	√			√		表48	线地1
		02		接地体安装、回填、电阻测试	√			√			
			01	接地体安装、回填、电阻测试	√			√		表49	线地2
	04			杆塔工程	√		√	√	√		
		01		自立式铁塔组立	√			√			
			01	自立式铁塔组立	√			√		表50	线塔1
			02	自立式铁塔紧固件安装	√			√		表51	线塔2
			03	防坠落装置安装❶	√			√		《杆塔作业防坠落装置》（Q/GDW 10162—2016）	线塔3
	05			架线工程	√		√	√	√		
		01		导线、地线（OPGW）展放	√			√			
			01	导线、地线（OPGW）展放	√			√		表58	线线1
		02		导线、地线压接管施工	√			√			
			01	导线、地线直线管施工	√			√		表59	线线2
			02	导线、地线耐张管施工	√			√		表60	线线3
		03		紧线	√			√			
			01	导线、地线（OPGW）紧线	√			√		表61	线线4
		04		附件安装	√			√			
			01	直线塔附件安装	√			√		表62	线线5
			02	耐张塔附件安装	√			√		表63	线线6
			03	光缆接线盒安装	√			√		表64	线线7
		05		光缆测试	√			√			

❶ 在 Q/GDW 10121—2022 基础上，新增该项目。

续表

工程编号				工程名称	验收单位					质量检验标准及检查方法（引自 Q/GDW 10121—2022 中表序）	表式编号
单位工程	分部工程	分项工程	检验批		施工单位	勘察单位	设计单位	监理单位	建设管理单位		
01	05	05	01	光缆接头衰减测试	√			√		表65	线线8
			02	光缆纤芯衰耗测试	√			√		表66	线线9
		06		交叉跨越	√			√			
			01	交叉跨越	√			√		表67	线线10
	06			线路防护设施	√		√	√	√		
		01		石砌体护坡、挡墙、防洪堤	√			√			
			01	现浇混凝土模板及钢筋	√			√		表31	线基5
			02	现浇混凝土施工	√			√		表32	线基6
			03	现浇混凝土结构外观及尺寸偏差	√			√		表33	线基7
			04	石砌体护坡、挡墙、防洪堤砌筑	√			√		表68	线防1
		02		排水沟	√			√			
			01	排水沟施工	√			√		表69	线防2
		03		线路警示防护设施	√			√			
			01	线路警示防护设施	√			√		表70	线防3
		04		保护帽	√			√			
			01	保护帽混凝土外观及尺寸偏差	√			√		表71	线防4

第二章 阶段质量验收记录

工程阶段质量验收包括检验批质量验收、分项工程质量验收、分部工程质量验收、单位工程质量验收。检验批质量验收应随工进行，分项工程质量验收应按照完成一定数量该分项检验批后分批进行，分部工程质量验收应在完成一定数量分项工程质量验收基础上在转序前进行，单位工程质量验收应在完成全部分部工程质量验收基础上在投运前进行。

第一节 检验批质量验收记录

特高压线路工程检验批质量验收记录经梳理共计 **41** 个，其中土石方 **6** 个、基础 **16** 个、接地 **2** 个、杆塔 **3** 个、架线 **10** 个、线路防护 **4** 个，具体清单见表2。

表2　检验批质量验收记录清单

序号	分部工程	检验批质量验收记录名称	表式
1	土石方	线路复测检验批质量验收记录	线土1
		普通基础分坑及开挖检验批质量验收记录	线土2
		原状土基础分坑及开挖检验批质量验收记录	线土3
		桩基础分坑及开挖检验批质量验收记录	线土4
		施工基面、电气开方检验批质量验收记录	线土5
		土石方回填检验批质量验收记录	线土6
2	基础	湿陷性黄土基础地基检验批质量验收记录	线基1
		碎石桩复合地基检验批质量验收记录	线基2
		注浆地基检验批质量验收记录	线基3
		冻土地基检验批质量验收记录	线基4
		现浇混凝土模板及钢筋检验批质量验收记录	线基5❶
		现浇混凝土施工检验批质量验收记录	线基6❶
		现浇混凝土结构外观及尺寸偏差检验批质量验收记录	线基7❶
		灌注桩成孔检验批质量验收记录	线基8

---

❶ 该检验批为通用模板。在基础、线路防护有关分项工程中涉及此部分时，统一参照执行。

续表

序号	分部工程	检验批质量验收记录名称	表式
2	基础	灌注桩钢筋笼检验批质量验收记录	线基9
		灌注桩混凝土施工检验批质量验收记录	线基10
		灌注桩成桩检验批质量验收记录	线基11
		先张法预应力管桩施工检验批质量验收记录	线基12
		基础锚杆成孔及锚筋加工检验批质量验收记录	线基13
		基础锚杆安装及混凝土灌注检验批质量验收记录	线基14
		基础防腐施工检验批质量验收记录	线基15
		螺旋锚基础锚杆成孔及安装检验批质量验收记录	线基16
3	接地	接地开挖检验批质量验收记录	线地1
		接地体安装、回填、电阻测试检验批质量验收记录	线地2
4	杆塔	自立式铁塔组立检验批质量验收记录	线塔1
		自立式铁塔紧固件安装检验批质量验收记录	线塔2
		防坠落装置安装检验批质量验收记录	线塔3
5	架线	导线、地线（OPGW）展放检验批质量验收记录	线线1
		导线、地线直线管施工检验批质量验收记录	线线2
		导线、地线耐张管施工检验批质量验收记录	线线3
		导线、地线（OPGW）紧线检验批质量验收记录	线线4
		直线塔附件安装检验批质量验收记录	线线5
		耐张塔附件安装检验批质量验收记录	线线6
		光缆接线盒安装检验批质量验收记录	线线7
		光缆接头衰减测试检验批质量验收记录	线线8
		光缆纤芯衰耗测试检验批质量验收记录	线线9
		交叉跨越检验批质量验收记录	线线10
6	线路防护	石砌体护坡、挡墙、防洪堤砌筑检验批质量验收记录	线防1
		排水沟施工检验批质量验收记录	线防2
		线路警示防护设施检验批质量验收记录	线防3
		保护帽混凝土外观及尺寸偏差检验批质量验收记录	线防4

1. 线土1 线路复测检验批质量验收记录及其附件表

表 A.1 线路复测检验批质量验收记录（线土1）

编号：01010101001*

工程名称			分部工程名称	土石方		
分项工程名称		路径复测	验收部位	N1～N102		
施工单位			项目经理			
分包单位			分包项目负责人			
施工依据		本标段断面图、塔位明细表	验收依据	《110kV～1000kV 架空输电线路施工及验收规范》（Q/GDW 10115—2022）		
类别	序号	检查项目	质量标准	单位	检查记录	检查结果
主控项目	1	转角桩角度	用方向法测量时，对应设计值偏差≤1′30″	(′)，(″)	最大偏差 1′20″	合格
	2	档距	杆塔位中心桩或直线桩的桩间距离相对设计值的偏差≤1	%	最大偏差 0.9	合格
	3	被跨越物高程	被跨越物高程与断面图高程偏差≤0.5	m	最大偏差 0.4	合格
	4	塔位桩高程	杆塔位桩高程与设计高程偏差≤0.5	m	最大偏差 0.4	合格
	5	地形凸起点高程	线路经过地形凸起点高程与设计高程偏差≤0.5	m	最大偏差 0.4	合格
	6	直线塔桩横线路位置偏移	偏差与设计相比≤50	mm	最大偏差 45	合格
	7	被跨物与邻近塔位水平距离	被跨越物与邻近杆（塔）位距离与设计偏差≤1	%	最大偏差 0.9	合格
	8	地形凸起点、风偏危险点与近塔位的水平距离	地形凸起点、风偏危险点与近杆（塔）位距离与设计偏差≤1	%	最大偏差 0.9	合格
一般项目	1	保护桩位	线路方向桩、转角桩、杆塔中心桩应有可靠保护措施		已保护	合格
备注						
验收结论		验收合格。				
施工单位		班组质检员：××× 班组长：××× 项目部质检员：×××				××××年××月××日
监理单位		监理员：××× 专业监理工程师：×××				××××年××月××日

* 代表：土石方工程、01 标段、路径复测、路径复测、第1号。

填写说明：

1．适用范围及要求：

（1）施工检查及验收标准依据：《110kV～1000kV 架空输电线路施工及验收规范》（Q/GDW 10115—2022）、《110kV～1000kV 架空输电线路工程施工质量验收规程》（Q/GDW 10121—2022），国家电网有限公司输变电工程质量通病防治措施，《国家电网公司输变电工程标准工艺（三）　工艺标准库（2016 年版）》。当以上要求不一致时，按最高要求编制。

（2）安全距离实测值换算成导线温度 40℃最大弧垂计算垂直距离，安全距离标准执行《110kV～750kV 架空输电线路施工及验收规范》（GB 50233—2014）附录 A 要求。

（3）使用器具如经纬仪、全站仪、钢卷尺在使用有效期限内，使用前做性能检查。

（4）经纬仪、全站仪精度不低于 2″级。

2．检查数量：

（1）主控项目应全数检查。

（2）一般项目应全数检查。

3．**检验批划分**：以一施工标段为一检验批，如有改线或更换分包单位需重新填写。

4．"验收部位"应填写同时间段的复测塔号。

5．"检查记录"应填写检测后最大偏差值或超范围的所有数据。

表 A.2　线路复测检验批质量验收记录附件表（线土 1）

编号：01010101001

序号	附件名称	附件编号	备注
1	*定位复测记录（线记 1）*	××××	
2	*交跨复测记录（线记 2）*	××××	
3			
4			
5			
6			
施工单位检查结果	*齐全完整。* 项目部质检员：×××		××××年××月××日
监理单位验收结论	*真实有效。* 专业监理工程师：×××		××××年××月××日

注　1．此表附在表 A.1 后面，主要填写与表 A.1 有直接关系的，并能说明表 A.1 对应内容事实的有关技术资料名称与编号，便于检查、追索。

　　2．本表编号与表 A.1 的编号一致。

2. 线土2　普通基础分坑及开挖检验批质量验收记录及其附件表

表 A.1　普通基础分坑及开挖检验批质量验收记录（线土2）

编号：01010201001*

工程名称				分部工程名称	土石方			
分项工程名称		普通基础分坑及开挖		验收部位	N1塔 ABCD 腿			
施工单位				项目经理				
分包单位				分包项目负责人				
施工依据		本标段基础施工图		验收依据	《110kV～1000kV 架空输电线路施工及验收规范》（Q/GDW 10115—2022）			
类别	序号	检查项目	质量标准	单位	检查记录				检查结果
					A	B	C	D	
主控项目	1	基底岩（土）性质	符合设计要求		与设计一致	与设计一致	与设计一致	与设计一致	合格
	2	基础坑中心根开及对角线尺寸	一般塔不超过±2，高塔不超过±0.7	‰	正面根开　偏差1				合格
					侧面根开　偏差1				
					对角根开　偏差1				
	3	基坑埋深	基础坑成形后，坑底与基面点垂直距离与设计值偏差为−50～+100；多年冻土大开挖基坑，坑深允许偏差为0～+100	mm	偏差+80	偏差+80	偏差+80	偏差+80	合格
	4	基坑底板	基坑底板尺寸与设计偏差≥−1	%	偏差−0.6	偏差−0.6	偏差−0.6	偏差−0.6	合格
一般项目	1	基础坑底的浮土及扰动软弱土层	基础坑底无浮土及扰动软弱土层		无浮土	无浮土	无浮土	无浮土	合格
	2	现浇混凝土垫层	标高偏差±10；厚度偏差±10；平整度偏差≤10	mm	标高偏差+8；厚度偏差+8；平整度偏差≤5	标高偏差+8；厚度偏差+8；平整度偏差≤5	标高偏差+8；厚度偏差+8；平整度偏差≤5	标高偏差+8；厚度偏差+8；平整度偏差≤5	合格
备注									
验收结论		验收合格。							
施工单位		班组质检员：××× 班组长：××× 项目部质检员：×××					××××年××月××日		
监理单位		监理员：××× 专业监理工程师：×××					××××年××月××日		

* 代表：土石方工程、01 标段、普通基础分坑及开挖、普通基础分坑及开挖、第 1 号。

填写说明：

1. 适用范围及要求：

（1）施工检查及验收标准依据：《110kV～1000kV 架空输电线路施工及验收规范》（Q/GDW 10115—2022）、《110kV～1000kV 架空输电线路工程施工质量验收规程》（Q/GDW 10121—2022），国家电网有限公司输变电工程质量通病防治措施、《国家电网公司输变电工程标准工艺（三） 工艺标准库（2016 年版）》，并应符合现行《土方与爆破施工验收规范》（GB 50201—2012）和《湿陷性黄土地区建筑标准》（GB 50025—2018）。当以上要求不一致时，按最高要求编制。

（2）使用器具如经纬仪、全站仪、钢卷尺在使用有效期限内，使用前做性能检查。

（3）基坑埋深及地基处理，岩石及掏挖基础成孔尺寸等隐蔽工程的验收检查应在隐蔽前进行。

（4）基坑深度应是坑底四角点测量值的平均值。

（5）以上偏差值应是两次重复测量值的平均值。

2. 检查数量：

（1）主控项目应全数检查。

（2）一般项目应全数检查。

3. 检验批划分：以每一基铁塔同时开挖的基础坑为一检验批。

4. "验收部位"应填写同时间段施工的××塔××腿。

5. "检查记录"应填写检测后最大偏差值或超范围的所有数据。

表 A.2　普通基础分坑及开挖检验批质量验收附件表（线土 2）

编号：01010201001

序号	附件名称	附件编号	备注
1	**无**	**无**	
2			
3			
4			
5			
6			
施工单位 检查结果	**齐全完整。** 项目部质检员：×××		**××××年××月××日**
监理单位 验收结论	**真实有效。** 专业监理工程师：×××		**××××年××月××日**

注　1. 此表附在表 A.1 后面，主要填写与表 A.1 有直接关系的，并能说明表 A.1 对应内容事实的有关技术资料名称与编号，便于检查、追索。

　　2. 本表编号与表 A.1 的编号一致。

3. 线土 3　原状土基础分坑及开挖检验批质量验收记录及其附件表

表 A.1　原状土基础分坑及开挖检验批质量验收记录（线土 3）

编号：01010401001*

工程名称				分部工程名称	**土石方**			
分项工程名称		**原状土基础分坑及开挖**		验收部位	**N21 塔 ABCD 腿**			
施工单位				项目经理				
分包单位				分包项目负责人				
施工依据		**本标段基础施工图**		验收依据	《110kV～1000kV 架空输电线路施工及验收规范》（Q/GDW 10115—2022）			

类别	序号	检查项目	质量标准		单位	检查记录				检查结果
						A	B	C	D	
主控项目	1	基底土性	符合设计要求			与设计一致	与设计一致	与设计一致	与设计一致	合格
	2	基础坑深	+100～0		mm	+50	+50	+50	+50	合格
	3	基础坑中心根开及对角线尺寸	一般塔不超过±2，高塔不超过±0.7	正面根开	‰	偏差：1				合格
				侧面根开		偏差：1				合格
				对角根开		偏差：1				合格
	4	基坑底及坑口断面尺寸	不应有负误差			大于设计值	大于设计值	大于设计值	大于设计值	合格
	5	基础立柱坑倾斜度	±1		%	0.8	0.8	0.8	0.8	合格
一般项目	1	基础坑底的浮土	基础坑底无浮土			基础坑底无浮土				合格
备注									
验收结论		**验收合格。**							
施工单位		班组质检员：××× 班组长：××× 项目部质检员：×××					**××××年××月××日**		
监理单位		监理员：××× 专业监理工程师：×××					**××××年××月××日**		

注　原状土基础包括岩石嵌固基础、掏挖式基础、人工挖孔桩、岩石锚杆、微型桩等基础。

* 代表：土石方工程、01 标段、原状土基础分坑及开挖、原状土基础分坑及开挖、第 1 号。

填写说明：

1. 检查数量：

（1）主控项目应全数检查。

（2）一般项目应全数检查。

2. **检验批划分：以每一基铁塔同时开挖的基础坑为一检验批。**

3. "验收部位"应填写同时间段施工的××塔××腿。

4. "检查记录"应填写检测后最大偏差值或超范围的所有数据。

表 A.2 原状土基础分坑及开挖检验批质量验收附件表（线土 3）

编号：01010401001

序号	附件名称	附件编号	备注
1	无	无	
2			
3			
4			
5			
6			
施工单位 检查结果	齐全完整。 项目部质检员：×××		××××年××月××日
监理单位 验收结论	真实有效。 专业监理工程师：×××		××××年××月××日

注 1. 此表附在表 A.1 后面，主要填写与表 A.1 有直接关系的，并能说明表 A.1 对应内容事实的有
关技术资料名称与编号，便于检查、追索。

2. 本表编号与表 A.1 的编号一致。

4. 线土 4　桩基础分坑及开挖检验批质量验收记录及其附件表

表 A.1　桩基础分坑及开挖检验批质量验收记录（线土 4）

编号：01010501001*

工程名称				分部工程名称			**土石方**	
分项工程名称		**桩基础分坑及开挖**		验收部位		（1）单桩：N11 塔 ABCD 腿 （2）群桩：N11 塔 A 腿 abcd 桩		
施工单位				项目经理				
分包单位				分包项目负责人				
施工依据		**本标段基础施工图**		验收依据		《110kV～1000kV 架空输电线路施工及验收规范》（Q/GDW 10115—2022）		

类别	序号	检查项目	质量标准		单位	检查记录				检查结果
						A	B	C	D	
主控项目	1	基底土性	符合设计要求			与设计一致	与设计一致	与设计一致	与设计一致	合格
	2	桩深	不小于设计值			大于设计值	大于设计值	大于设计值	大于设计值	合格
	3	基础坑中心根开及对角线尺寸	±2	正面根开	‰	偏差：1				合格
				侧面根开		偏差：1				
				对角根开		偏差：1				
	4	群桩桩孔间距	±D/5			小于 D/5	小于 D/5	小于 D/5	小于 D/5	合格
一般项目	1	承台（连梁）坑尺寸	−1		%	−0.9				合格
	2	桩孔倾斜度	1		%	小于 0.5	小于 0.5	小于 0.5	小于 0.5	合格
	3	桩孔尺寸	≥设计值			大于设计值	大于设计值	大于设计值	大于设计值	合格
备注			D 为桩径，mm							
验收结论			**验收合格。**							
施工单位			班组质检员：××× 班组长：××× 项目部质检员：×××					××××年××月××日		
监理单位			监理员：××× 专业监理工程师：×××					××××年××月××日		

* 代表：土石方工程、01 标段、桩基础分坑及开挖、桩基础分坑及开挖、第 1 号。

填写说明：

1. 检查数量：

（1）主控项目应全数检查。

（2）一般项目应全数检查。

2. **检验批划分：以每一基铁塔同时开挖的基础坑为一检验批。**

3. "验收部位"应填写同时间段施工的××塔××腿××桩。

4. "检查记录"应填写检测后最大偏差值或超范围的所有数据。

表 A.2　桩基础分坑及开挖检验批质量验收附件表（线土 4）

编号：01010501001

序号	附件名称	附件编号	备注
1	无	无	
2			
3			
4			
5			
6			
施工单位 检查结果	齐全完整。 项目部质检员：×××		××××年××月××日
监理单位 验收结论	真实有效。 专业监理工程师：×××		××××年××月××日

注　1. 此表附在表 A.1 后面，主要填写与表 A.1 有直接关系的，并能说明表 A.1 对应内容事实的有关技术资料名称与编号，便于检查、追索。

　　2. 本表编号与表 A.1 的编号一致。

5. 线土 5 施工基面、电气开方检验批质量验收记录及其附件表

表 A.1 施工基面、电气开方检验批质量验收记录（线土 5）

编号：01010601001*

工程名称				分部工程名称		土石方	
分项工程名称		施工基面、电气开方		验收部位		N1 塔 ABCD 腿	
施工单位				项目经理			
分包单位				分包项目负责人			
施工依据		本标段电气施工图		验收依据		《110kV～1000kV 架空输电线路施工及验收规范》（Q/GDW 10115—2022）	
类别	序号	检查项目	质量标准	单位	检查记录		检查结果
主控项目	1	塔位边坡净距	不小于设计值		塔位边坡符合设计要求		合格
	2	风偏及对地净距	不小于设计值		风偏及对地符合设计值		合格
一般项目	1	施工基面高程	−100～＋200	mm	施工基面高程＋100		合格
备注							
验收结论		验收合格。					
施工单位		班组质检员：××× 班组长：××× 项目部质检员：×××				××××年××月××日	
监理单位		监理员：××× 专业监理工程师：×××				××××年××月××日	

* 代表：土石方工程，01 标段，电气开方，施工基面、电气开方，第 1 号。

填写说明：

1. 适用范围及要求：

（1）施工检查及验收标准依据：《110kV～1000kV 架空输电线路施工及验收规范》（Q/GDW 10115—2022）、《110kV～1000kV 架空输电线路工程施工质量验收规程》（Q/GDW 10121—2022）、国家电网有限公司输变电工程质量通病防治措施、《国家电网公司输变电工程标准工艺（三） 工艺标准库（2016 年版）》，并应符合现行《土方与爆破施工验收规范》（GB 50201—2012）和《湿陷性黄土地区建筑规范》（GB 50025—2018）。当以上要求不一致时，按最高要求编制。

（2）测量的仪器及量具在使用前应进行检查；

（3）经纬仪、全站仪精度不低于 2″ 级。

（4）以上偏差值应是两次重复测量值的平均值。

2. 检查数量：

（1）主控项目应全数检查。

（2）一般项目应全数检查。

3. **检验批划分：以每一处为一检验批。**

4.“验收部位”应填写同时间段施工的××塔××腿。

5.“检查记录”应填写检测后最大偏差值或超范围的所有数据。

表 A.2　施工基面、电气开方检验批质量验收附件表（线土 5）

编号：01010601001

序号	附件名称	附件编号	备注
1	**无**	**无**	
2			
3			
4			
5			
6			
施工单位 检查结果	**齐全完整。** 项目部质检员：×××		××××年××月××日
监理单位 验收结论	**真实有效。** 专业监理工程师：×××		××××年××月××日

注　1. 此表附在表 A.1 后面，主要填写与表 A.1 有直接关系的，并能说明表 A.1 对应内容事实的有
　　　关技术资料名称与编号，便于检查、追索。

　　2. 本表编号与表 A.1 的编号一致。

6. 线土6　土石方回填检验批质量验收记录及其附件表

表 A.1　土石方回填检验批质量验收记录（线土6）

编号：01010701001*

工程名称				分部工程名称		**土石方**	
分项工程名称			**土方回填**	验收部位		**N1塔ABCD腿**	
施工单位				项目经理			
分包单位				分包项目负责人			
施工依据			**本标段基础施工图**	验收依据		《110kV～1000kV架空输电线路施工及验收规范》（Q/GDW 10115—2022）	

类别	序号	检查项目	质量标准	单位	检查记录	检查结果
主控项目	1	杆塔中心桩	应有可靠保护措施，标识清晰		**中心桩保护到位**	**合格**
	2	防沉层	回填后坑口上应筑防沉层，其上部边宽不应小于坑口边宽。有沉降的防沉层应及时补填夯实，工程移交时回填土不应低于地面		**防沉层宽度大于坑底尺寸，高度大于地面**	**合格**
	3	回填土料	符合设计要求和Q/GDW 10115—2022 第7.16、7.17条规定		**符合设计要求**	**合格**
一般项目	1	回填土高度	符合设计要求		**符合设计要求**	**合格**

备注		
验收结论	**验收合格。**	
施工单位	班组质检员：××× 班组长：××× 项目部质检员：×××	××××年××月××日
监理单位	监理员：××× 专业监理工程师：×××	××××年××月××日

* 代表：土石方工程、01标段、土石方回填、土石方回填、第1号。

填写说明：

1. 适用范围及要求：该表适用于线路基础土方回填。

2. 检查数量：

（1）主控项目应全数检查。

（2）一般项目应全数检查。

3. **检验批划分：该检验批按每基铁塔作为一个检验批。**

4. "检查记录"应填写检测后最大偏差值或超范围的所有数据。

表 A.2 土石方回填检验批质量验收附件表（线土 6）

编号：01010701001

序号	附件名称	附件编号	备注
1	无	无	
2			
3			
4			
5			
6			
施工单位检查结果	齐全完整。项目部质检员：×××		××××年××月××日
监理单位验收结论	真实有效。专业监理工程师：×××		××××年××月××日

注 1. 此表附在表 A.1 后面，主要填写与表 A.1 有直接关系的，并能说明表 A.1 对应内容事实的有关技术资料名称与编号，便于检查、追索。

2. 本表编号与表 A.1 的编号一致。

7. 线基1 湿陷性黄土基础地基检验批质量验收记录及其附件表

表 A.1 湿陷性黄土基础地基检验批质量验收记录（线基1）

编号：02010101001*

工程名称				分部工程名称		基础工程
分项工程名称		基础地基处理		验收部位		N1塔 ABCD 腿
施工单位				项目经理		
分包单位				分包项目负责人		
施工依据		本标段基础施工图		验收依据		《110kV～1000kV 架空输电线路施工及验收规范》（Q/GDW 10115—2022）

类别	序号	检查项目	质量标准	单位	检查记录	检查结果
主控项目	1	灰土配合比	符合设计要求		符合设计要求	合格
	2	灰土厚度	符合设计要求	mm	符合设计要求	合格
	3	灰土压实次数	符合设计要求		符合设计要求	合格
	4	灰土干密度、压实系数	符合《湿陷性黄土地区建筑规范》（GB 50025—2018）规定		符合《湿陷性黄土地区建筑规范》（GB 50025—2018）规定	合格

备注	
验收结论	验收合格，同意隐蔽。
施工单位	班组质检员：××× 班组长：××× 项目部质检员：×××　　　　　　×××× 年××月××日
监理单位	监理员：××× 专业监理工程师：×××　　　　　　×××× 年××月××日

* 代表：基础工程、01标段、基础地基处理、湿陷性黄土基础地基、第1号。

填写说明：

1. 适用范围及要求：

（1）该表适用于现浇混凝土湿陷性黄土基础地基验收。

（2）地基处理应符合现行《湿陷性黄土地区建筑规范》（GB 50025—2018）的有关规定。

2. 主控项目检查数量：

（1）灰土配合比为1次。

（2）灰土厚度为 1 次。

（3）灰土压实次数为 1 次。

（4）灰土干密度、压实系数为 1 次。

3. **检验批划分**：该检验批按每基铁塔作为一个检验批。

表 A.2　湿陷性黄土基础地基检验批质量验收附件表（线基 1）

编号：02010101001

序号	附件名称	附件编号	备注
1	无	无	
2			
3			
4			
5			
6			
施工单位 检查结果	**齐全完整**。 项目部质检员：×××　　　　　　　　　　　　　　　　　　　　　　　　××××年××月××日		
监理单位 验收结论	**真实有效**。 专业监理工程师：×××　　　　　　　　　　　　　　　　　　　　　　　　××××年××月××日		

注　1. 此表附在表 A.1 后面，主要填写与表 A.1 有直接关系的，并能说明表 A.1 对应内容事实的有关技术资料名称与编号，便于检查、追索。

　　2. 本表编号与表 A.1 的编号一致。

8. 线基 2 碎石桩复合地基检验批质量验收记录及其附件表

表 A.1 碎石桩复合地基检验批质量验收记录（线基 2）

编号：02010102001*

工程名称				分部工程名称		基础工程	
分项工程名称		基础地基处理		验收部位		N1 塔 ABCD 腿	
施工单位				项目经理			
分包单位				分包项目负责人			
施工依据		本标段基础施工图		验收依据		《110kV～1000kV 架空输电线路施工及验收规范》（Q/GDW 10115—2022）	

类别	序号	检查项目		质量标准	单位	检查记录	检查结果
主控项目	1	复合地基承载力		≥设计值		≥设计值	合格
	2	桩长		≥设计值	mm	≥设计值	合格
	3	桩径		+50～0	mm	+40	合格
	4	桩身完整性		—		Ⅰ类桩	合格
	5	桩身密实度		≥设计值		≥设计值	合格
一般项目	1	桩位	条基边桩沿轴线	≤1/4D	mm	200	合格
			垂直轴线	≤1/6D		150	合格
			其他情况	≤2/5D		400	合格
	2	桩顶标高		±200	mm	+150	合格
	3	桩间土强度		≥设计值		≥设计值	合格
	4	桩垂直度		≤1	%	0.9	合格
	5	留振时间		符合设计要求		符合设计要求	合格
	6	混合料充盈系数		≥1.0		1.0	合格
	7	褥垫层夯填度		≤0.9	mm	0.9	合格
备注		D 为设计桩径，单位 mm					
验收结论		验收合格，同意隐蔽。					
施工单位		班组质检员：××× 班组长：××× 项目部质检员：×××					××××年××月××日
监理单位		监理员：××× 专业监理工程师：×××					××××年××月××日

* 代表：基础工程、01 标段、基础地基处理、碎石桩复合地基、第 1 号。

填写说明：

1. 检查项目及数量应符合下列要求：

（1）主控项目。复合地基承载力：检查数量不应少于总桩数的 0.5%，且不应少于 3 点；桩身密实度：检查数量不应少于总桩数的 0.5%，且不应少于 3 根；其他主控项目：按桩数至少应抽查 20%，且不应少于 3 根。

（2）一般项目。按桩数至少应抽查 20%，且不应少于 3 根。

2. 检验批划分。该检验批按每基铁塔作为一个检验批。

表 A.2　碎石桩复合地基检验批质量验收附件表（线基 2）

编号：02010102001

序号	附件名称	附件编号	备注
1	复合地基承载力报告	×××××	
2	桩身完整性报告	×××××	
3	标准贯入试验报告	×××××	
4			
5			
6			
施工单位检查结果	齐全完整。项目部质检员：×××		××××年××月××日
监理单位验收结论	真实有效。专业监理工程师：×××		××××年××月××日

注　1. 此表附在表 A.1 后面，主要填写与表 A.1 有直接关系的，并能说明表 A.1 对应内容事实的有关技术资料名称与编号，便于检查、追索。
　　2. 本表编号与表 A.1 的编号一致。

9. 线基3 注浆地基检验批质量验收记录及其附件表

表 A.1 注浆地基检验批质量验收记录（线基3）

编号：02010103001*

工程名称				分部工程名称			*基础工程*	
分项工程名称		*基础地基处理*		验收部位			*N1 塔 ABCD 腿*	
施工单位				项目经理				
分包单位				分包项目负责人				
施工依据		*本标段基础施工图*		验收依据			《110kV～1000kV 架空输电线路施工及验收规范》（Q/GDW 10115—2022）	

类别	序号	检查项目	质量标准	单位	检查记录	检查结果
主控项目	1	地基承载力	≥设计值		≥设计值	合格
	2	处理后地基土的强度	≥设计值		≥设计值	合格
	3	水泥用量	≥设计值		≥设计值	合格
	4	注浆用砂粒径	<2.5	mm	2.0	合格
一般项目	1	注浆材料称量	±3	%	≤3	合格
	2	注浆孔位	±50	mm	+40	合格
	3	注浆孔深	±100	mm	+90	合格
	4	注浆压力	±10	%	+8	合格
备注						
验收结论		*验收合格，同意隐蔽。*				
施工单位		班组质检员：××× 班组长：××× 项目部质检员：×××				××××年××月××日
监理单位		监理员：××× 专业监理工程师：×××				××××年××月××日

* 代表：基础工程、01标段、基础地基处理、注浆地基、第1号。

填写说明：

1. 检查项目及数量应符合下列要求：

（1）主控项目：应全数检查。原位测试是在注浆地基所处的位置上或基本上在原位状态和应力条件下对注浆地基进行测试，常见原位测试方法有载荷试验、静力触探试验、旁压试验、标准贯入试验等。

（2）一般项目应全数检查。

2. 检验批划分：该检验批按每基铁塔作为一个检验批。

表 A.2　注浆地基检验批质量验收附件表（线基 3）

编号：02010103001

序号	附件名称	附件编号	备注
1	地基承载力报告	×××××	
2			
3			
4			
5			
6			

施工单位检查结果	齐全完整。 项目部质检员：×××　　　　　　　　××××年××月××日
监理单位验收结论	真实有效。 专业监理工程师：×××　　　　　　××××年××月××日

注　1. 此表附在表 A.1 后面，主要填写与表 A.1 有直接关系的，并能说明表 A.1 对应内容事实的有关技术资料名称与编号，便于检查、追索。

　　2. 本表编号与表 A.1 的编号一致。

10. 线基4 冻土地基检验批质量验收记录及其附件表

表 A.1 冻土地基检验批质量验收记录（线基4）

编号：02010104001*

工程名称					分部工程名称		基础工程	
分项工程名称			基础地基处理		验收部位		N1塔ABCD腿	
施工单位					项目经理			
分包单位					分包项目负责人			
施工依据			本标段基础施工图		验收依据		《110kV～1000kV架空输电线路施工及验收规范》（Q/GDW 10115—2022）	
类别	序号		检查项目	质量标准	单位	检查记录		检查结果
主控项目	1	保温隔热地基	材料强度	≥-5	%	满足设计要求		合格
			材料压缩性	±3	%	满足设计要求		合格
			地基承载力	不小于设计值		不小于设计值		合格
	2	钢筋混凝土预制桩基础	场地地温	±0.05	℃	满足设计要求		合格
			承载力	不小于设计值		不小于设计值		合格
	3	混凝土灌注桩基础	场地地温	±0.05	℃	满足设计要求		合格
			承载力	不小于设计值		不小于设计值		合格
一般项目	1	保温隔热地基	材料接缝质量	符合设计要求		符合设计要求		合格
			层面平整度	±20	mm	+15		合格
			每层铺设厚度	±1.0	mm	+0.9		合格
	2	钢筋混凝土预制桩基础	桩孔直径	≥-20	mm	-10		合格
			桩侧回填	符合设计要求		符合设计要求		合格
			钻孔打入桩成孔直径	不大于设计值		不大于设计值		合格
			钻孔打入桩钻孔深度	不小于设计值		不小于设计值		合格
			钻孔插入桩成孔直径	不大于设计值		不大于设计值		合格
	3	混凝土灌注桩基础	混凝土灌注温度	5～10	℃	8		合格
			桩侧防冻措施	符合设计要求		符合设计要求		合格
			承台、基础梁下防冻措施	符合设计要求		符合设计要求		合格
备注								
验收结论			验收合格，同意隐蔽。					
施工单位			班组质检员：××× 班组长：××× 项目部质检员：×××				××××年××月××日	
监理单位			监理员：××× 专业监理工程师：×××				××××年××月××日	

* 代表：基础工程、01标段、基础地基处理、冻土地基、第1号。

填写说明：

1. 检查项目及数量应符合下列要求：

（1）主控项目应全数检查。

（2）一般项目应全数检查。

2. 检验批划分：该检验批按每基铁塔作为一个检验批。

表 A.2 冻土地基检验批质量验收附件表（线基 4）

编号：02010104001

序号	附件名称	附件编号	备注
1	地基承载力报告	×××××	
2			
3			
4			
5			
6			
施工单位 检查结果	齐全完整。 项目部质检员：×××		××××年××月××日
监理单位 验收结论	真实有效。 专业监理工程师：×××		××××年××月××日

注 1. 此表附在表 A.1 后面，主要填写与表 A.1 有直接关系的，并能说明表 A.1 对应内容事实的有关技术资料名称与编号，便于检查、追索。

2. 本表编号与表 A.1 的编号一致。

11. 线基5 现浇混凝土模板及钢筋检验批质量验收记录及其附件表

表 A.1 现浇混凝土模板及钢筋检验批质量验收记录（线基5）

编号：02010201001*

工程名称				分部工程名称		基础工程		
分项工程名称			开挖式基础施工	验收部位		N1 塔 ABCD 腿		
施工单位				项目经理				
分包单位				分包项目负责人				
施工依据			本标段基础施工图	验收依据		《110kV～1000kV 架空输电线路施工及验收规范》（Q/GDW 10115—2022）		

类别	序号	检查项目		质量标准	单位	检查记录				检查结果
						A	B	C	D	
主控项目	1	垫层	原材料及配合比	符合设计要求		符合设计	符合设计	符合设计	符合设计	合格
			混凝土运输、浇筑及间歇时间	全部时间不应超过混凝土的初凝时间，同一施工段的混凝土应连续浇筑，并应在底层混凝土初凝之前将上一层混凝土浇筑完毕		1. 机搅混凝土：大于3min，浇筑无间歇。 2. 商品混凝土：运输时间小于90min，浇筑无间歇	1. 机搅混凝土：大于3min，浇筑无间歇。 2. 商品混凝土：运输时间小于90min，浇筑无间歇	1. 机搅混凝土：大于3min，浇筑无间歇。 2. 商品混凝土：运输时间小于90min，浇筑无间歇	1. 机搅混凝土：大于3min，浇筑无间歇。 2. 商品混凝土：运输时间小于90min，浇筑无间歇	合格
			垫层强度	垫层强度符合要求后方可进行钢筋绑扎和模板支设		符合要求	符合要求	符合要求	符合要求	合格
			标高偏差	±10	mm	+5	+5	+5	+5	合格
	2	模板及其支架		模板及其支架承受浇筑混凝土的重量、侧压力以及施工荷载		模板支护牢固				合格
	3	原材料抽检		钢筋见证取样及力学性能应符合《钢筋混凝土用钢 第1部分：热轧光圆钢筋》（GB 1499.1—2017）、《钢筋混凝土用钢 第2部分：热轧带肋钢筋》（GB 1499.2—2018）规定		钢筋连接力学性能已检测 检测报告：_____				合格

续表

类别	序号	检查项目	质量标准	单位	检查记录				检查结果
					A	B	C	D	
主控项目	4	钢筋的品种、级别、规格和数量、材质	符合设计要求		受力钢筋品种、级别、规格和数量符合设计				合格
	5	接头质量	符合《钢筋焊接及验收规程》(JGJ 18—2012)、《钢筋机械连接技术规程》(JGJ 107—2016)规定		钢筋接头质量满足要求				合格
	6	地脚螺栓、插入角钢(钢管)规格、数量	符合设计要求		规格数量符合设计	规格数量符合设计	规格数量符合设计	规格数量符合设计	合格
一般项目	1	箍筋末端弯钩	除焊接封闭环式箍筋外,箍筋的末端应做弯钩,弯钩形式应符合设计要求;当设计无具体要求时,应符合下列规定:① 箍筋弯钩的弯折角度:不应小于90°;② 箍筋弯后平直部分长度,不宜小于箍筋直径的5倍		满足 Q/GDW 10115—2022				合格
	2	隔离剂	不应沾污钢筋和混凝土接槎处、涂刷均匀		模板脱模剂未接触钢筋				合格
	3	钢筋表面质量	钢筋应平直、无损伤,表面不得有裂纹、油污、颗粒状或片状老锈		钢筋表面无缺陷				合格
	4	受力钢筋接头设置	在连接区段长度为35倍d且不小于500mm范围内,接头面积百分率应符合《混凝土结构工程施工质量验收规范》(GB 50204—2015)的规定;接头末端至钢筋弯起点距离不应小于钢筋直径的10倍	mm	受力钢筋接头设置满足《混凝土结构工程施工质量验收规范》(GB 50204—2015)的规定				合格

续表

类别	序号	检查项目		质量标准	单位	检查记录				检查结果
						A	B	C	D	
一般项目	5	箍筋配置		符合设计要求		符合设计要求				合格
	6	钢筋	长度偏差	±10	mm	+8	+8	+8	+8	合格
			宽、高度偏差	±5	mm	+3	+3	+3	+3	合格
			间距偏差	±10	mm	+8	+8	+8	+8	合格
	7	钢筋保护层厚度偏差		−5	mm	−5	−5	−5	−5	合格
	8	同组地脚螺栓中心或插入角钢（钢管）形心对设计值偏移		10	mm	8	8	8	8	合格
	9	基础顶面或主角钢（钢管）操平印记间高差		5	mm	4	4	4	4	合格
	10	插入式基础的角钢（钢管）倾斜率		3	%	/	/	/	/	/
	11	基础根开及对角线尺寸	设计值	AB: BC: CD: DA: AC: BD:	mm	AB：实测值 　　CD：实测值 　　AC：实测值		BC：实测值 　　DA：实测值 　　BD：实测值		合格
			一般塔	螺栓式 ±0.2%						
				插入式 ±0.1%						
			高塔	±0.07%						

备注	
验收结论	**验收合格。**
施工单位	班组质检员：**×××** 班组长：**×××** 项目部质检员：**×××**　　　　　　　　　　　　　　**××××**年**××**月**××**日
监理单位	监理员：**×××** 专业监理工程师：**×××**　　　　　　　　　　　　**××××**年**××**月**××**日

* 代表：基础工程、01标段、开挖式基础施工、现浇混凝土模板及钢筋、第1号。

填写说明:

1. 适用范围及要求:

（1）该表适用于现浇混凝土模板安装验收；适用大开挖基础、灌注桩承台（连梁）、原状土基础地面部分、锚筋基础地面部分。

（2）应符合现行《混凝土结构工程施工质量验收规范》（GB 50204—2015）、《建筑工程检测试验技术管理规范》（JGJ 190—2010）的有关规定。

（3）施工检查及验收标准依据:《110kV～1000kV 架空输电线路施工及验收规范》（Q/GDW 10115—2022）、《110kV～1000kV 架空输电线路工程施工质量验收规程》（Q/GDW 10121—2022），国家电网有限公司输变电工程质量通病防治措施、《国家电网公司输变电工程标准工艺（三） 工艺标准库（2016 年版)》。当以上要求不一致时，按最高要求编制。

2. 检查数量:

（1）主控项目应全数检查。

（2）一般项目应全数检查。

3. **检验批划分**：该检验批按每个塔基同时验收的模板作为一个检验批。

4. "验收部位"应填写同时间段施工的××塔××腿。

5. "检查记录"应填写检测后最大偏差值或超范围的所有数据。

表A.2　现浇混凝土模板及钢筋检验批质量验收附件表（线基5）

编号：02010201001

序号	附件名称	附件编号	备注
1	钢筋连接力学性能检测报告	××××	
2	钢筋电弧焊施工检查记录（线记7）	××××	
3	钢筋机械连接施工检查记录（线记8）	××××	
4			
5			
6			

施工单位 检查结果	**齐全完整**。 项目部质检员：×××	××××年××月××日
监理单位 验收结论	**真实有效**。 专业监理工程师：×××	××××年××月××日

注　1. 此表附在表 A.1 后面，主要填写与表 A.1 有直接关系的，并能说明表 A.1 对应内容事实的有
　　　关技术资料名称与编号，便于检查、追索。

　　2. 本表编号与表 A.1 的编号一致。

12. 线基6 现浇混凝土施工检验批质量验收记录及其附件表

表 A.1 现浇混凝土施工检验批质量验收记录（线基6）

编号：02010202001*

工程名称				分部工程名称	基础工程
分项工程名称		开挖式基础施工		验收部位	N1塔 ABCD 腿
施工单位				项目经理	
分包单位				分包项目负责人	
施工依据		本标段基础施工图		验收依据	《110kV～1000kV 架空输电线路施工及验收规范》（Q/GDW 10115—2022）

类别	序号	检查项目	质量标准	单位	检查记录	检查结果
主控项目	1	混凝土强度	符合设计要求		设计标号：_____试块强度报告：_____	合格
	2	试块制作数量	符合《110kV～1000kV 架空输电线路施工及验收规范》（Q/GDW 10115—2022）第8.2.13规定		A腿留置试块1组	合格
	3	配合比	符合《普通混凝土配合比设计规程》（JGJ 55—2011）的规定		（1）商品混凝土：开盘鉴定报告。（2）机搅混凝土："隐蔽工程（基础浇筑）签证记录"	合格
	4	混凝土运输、浇筑及间歇时间	全部时间不应超过混凝土的初凝时间，同一施工段的混凝土应连续浇筑，并应在底层混凝土初凝之前将上一层混凝土浇筑完毕		（1）机搅混凝土：大于3min，浇筑无间歇。（2）商品混凝土：运输时间小于90min，浇筑无间歇	合格
	5	搅拌和振捣	浇制中控制混凝土的搅拌和振捣，检查混凝土的搅拌和振捣过程		搅拌和振捣未出现振捣不均匀或振捣过度造成的离析情况	合格
	6	下料高度	混凝土垂直自由下落高度不得超过3m，超过时应使用溜槽、串筒		下料高度超过3m，使用溜槽、串斗	合格
一般项目	1	开盘鉴定	首次使用的配合比应进行开盘鉴定，其工作性应满足设计配合比的要求		（1）商品混凝土：商混站开盘鉴定报告。（2）机搅混凝土：现场开盘鉴定记录	合格

续表

类别	序号	检查项目	质量标准	单位	检查记录	检查结果
一般项目	2	养护	混凝土浇筑完毕后应及时进行养护,养护时间以及养护方法应符合施工方案要求		浇筑后立即开始浇水养护	合格
备注						
验收结论		**验收合格。**				
施工单位		班组质检员:××× 班组长:××× 项目部质检员:×××				×××年××月××日
监理单位		监理员:××× 专业监理工程师:×××				×××年××月××日

* 代表:基础工程、01 标段、开挖式基础施工、现浇混凝土施工、第 1 号。

填写说明:

1. 适用范围及要求:

(1) 该表适用于现浇混凝土基础施工验收;适用大开挖基础、灌注桩承台(连梁)、原状土基础、锚筋基础)。

(2) 预拌混凝土应符合现行《预拌混凝土》(GB/T 14902—2012)的有关规定;泵送混凝土应符合现行《混凝土泵送施工技术规程》(JGJ/T 10—2011)的有关规定。

(3) 配合比应按现行《普通混凝土配合比设计规程》(JGJ 55—2011)的有关规定执行。

(4) 试件留置应符合现行《建筑工程检测试验技术管理规范》(JGJ 190—2010)的有关规定。

(5) 其他执行设计要求及施工验收规范。

(6) 与混凝土原材料及配合比设计检验批质量验收记录表配合使用。

2. 检查数量:

(1) 主控项目。

1) 标准养护试块耐张塔和悬垂转角塔基础每基取一组;一般线路的悬垂直线塔基础,同一施工队每 5 基或不满 5 基应取一组;单基或连续浇筑混凝土量超过 100m³ 时应取一组;按大跨越设计的直线塔基础及拉线基础,每腿应取一组,但当基础混凝土量不超过同工程中大转角或终端塔基础时,则每基取一组。同条件养护试件的留置组数应符合《混凝土结构工程施工质量验收规范》(GB 50204—2015)规定。

2) 混凝土:按同一生产厂家、同一等级、同一品种、同一批号且连续进场的水泥,袋装不超过 200t 为一批,散装不超过 500t 为一批,每批抽样至少 1 次。

3) 混凝土运输、浇筑及间歇:应全数检查。

4) 非饮用水的其他水源:同一水源检查不应少于 1 次。

(2) 一般项目应全数检查。

3. **检验批划分:**该检验批按每基础同时浇筑的混凝土为一个检验批。

4. "验收部位"应填写同时间段施工的××塔××腿。

表 A.2　现浇混凝土施工检验批质量验收附件表（线基 6）

编号：02010202001

序号	附件名称	附件编号	备注
1	砂、石、水泥原材料检验报告	×××××	
2	配合比报告	×××××	
3	混凝土试块强度报告	×××××	
4	混凝土开盘鉴定施工记录（线记 6）	×××××	
5	大体积混凝土测温、养护记录（线记 9）	×××××	
6	冬期施工混凝土搅拌测温记录（线记 10）	×××××	
7	冬期施工混凝土工程养护测温记录（线记 11）	×××××	
施工单位 检查结果	齐全完整。 项目部质检员：×××		××××年××月××日
监理单位 验收结论	真实有效。 专业监理工程师：×××		××××年××月××日

注　1. 此表附在表 A.1 后面，主要填写与表 A.1 有直接关系的，并能说明表 A.1 对应内容事实的有
　　　关技术资料名称与编号，便于检查、追索。
　　2. 本表编号与表 A.1 的编号一致。

13. 线基 7 现浇混凝土结构外观及尺寸偏差检验批质量验收记录及其附件表

表 A.1 现浇混凝土结构外观及尺寸偏差检验批质量验收记录（线基 7）

编号：02010203001*

工程名称				分部工程名称		基础工程		
分项工程名称		开挖式基础施工		验收部位		N1 塔 ABCD 腿		
施工单位				项目经理				
分包单位				分包项目负责人				
施工依据		本标段基础施工图		验收依据		《110kV～1000kV 架空输电线路施工及验收规范》（Q/GDW 10115—2022）		
类别	序号	检查项目	质量标准		单位	检查记录		检查结果
主控项目	1	外观质量	不应有严重缺陷。对已经出现的严重缺陷，应由施工单位提出技术处理方案，并经监理（建设）、设计单位认可后进行处理，对经处理的部位，应重新检查验收			基础内实外光		合格
	2	结构尺寸偏差	不应有影响性能和使用功能的尺寸偏差。对超过尺寸允许偏差且影响结构性能和安装、使用功能的部位，应由施工单位提出技术处理方案，并经监理（建设）、设计单位认可后进行处理。对经处理的部位，应重新检查验收			满足 Q/GDW 10115—2022		合格
	3	高差控制	混凝土初凝前，采用多点控制的方法对基面高差进行测量			满足 Q/GDW 10115—2022		合格
	4	底板或立柱断面尺寸	现浇基础≥−1% 岩石、掏挖基础不得出现负误差			（1）大开挖基础：−0.8%。 （2）掏挖基础：>0		合格
一般项目	1	整基基础中心位移	顺线路	≤30	mm	20		合格
			横线路	≤30	mm	20		合格
	2	整基基础扭转	一般塔	≤10	（′）	7		合格
			高塔	≤5	（′）	/		合格
	3	基础根开及对角线尺寸	设计值	AB: BC: CD: DA: AC: BD:	mm	AB: 实测值　BC: 实测值 CD: 实测值　DA: 实测值 AC: 实测值　BD: 实测值		合格
			一般塔	螺栓式	±0.2%			
				插入式	±0.1%			
			高塔	±0.07%				

35

续表

类别	序号	检查项目	质量标准	单位	检查记录	检查结果
一般项目	4	同组地脚螺栓中心（插入式角钢形心）对设计值的偏移	≤10	mm	6	**合格**
	5	基础顶面高差或主角钢（钢管）操平印记间相对高差	≤5	mm	4	**合格**
	6	插入式基础的主角钢（钢管）倾斜率	≤3	%	/	/
备注						
验收结论		**验收合格，同意隐蔽。**				
施工单位		班组质检员：××× 班组长：××× 项目部质检员：×××			××××年××月××日	
监理单位		监理员：××× 专业监理工程师：×××			××××年××月××日	

* 代表：基础工程、01标段、开挖式基础施工、现浇混凝土结构外观及尺寸偏差、第1号。

填写说明：

1. 适用范围及要求：

（1）该表适用于现浇混凝土基础外观及尺寸验收；适用大开挖基础、灌注桩承台（连梁）、原状土基础地面部分、锚筋基础地面部分。

（2）尺寸标准参照《混凝土结构工程施工质量验收规范》（GB 50204—2015）执行。

（3）试件尺寸应符合现行标准《建筑工程检测试验技术管理规范》（JGJ 190—2010）的有关规定。

（4）其他执行设计要求及施工验收规范。

2. 检查数量：

（1）主控项目应全数检查。

（2）一般项目应全数检查。

3. **检验批划分：该检验批按每个塔基作为一个检验批。**

4. "验收部位"应填写同时间段施工的××塔××腿。

5. "检查记录"应填写检测后最大偏差值或超范围的所有数据。

表 A.2　现浇混凝土结构外观及尺寸偏差检验批质量验收附件表（线基 7）

编号：02010203001

序号	附件名称	附件编号	备注
1	无	无	
2			
3			
4			
5			
6			

施工单位 检查结果	**齐全完整**。 项目部质检员：×××	××××年××月××日
监理单位 验收结论	**真实有效**。 专业监理工程师：×××	××××年××月××日

注　1. 此表附在表 A.1 后面，主要填写与表 A.1 有直接关系的，并能说明表 A.1 对应内容事实的有
　　　关技术资料名称与编号，便于检查、追索。
　　2. 本表编号与表 A.1 的编号一致。

14. 线基 8 灌注桩成孔检验批质量验收记录及其附件表

表 A.1 灌注桩成孔检验批质量验收记录（线基 8）

编号：02010301001*

工程名称				分部工程名称		**基础工程**			
分项工程名称		混凝土灌注桩基础施工		验收部位		（1）单桩：N11 塔 ABCD 腿 （2）群桩：N11 塔 A 腿 abcd 桩			
施工单位				项目经理					
分包单位				分包项目负责人					
施工依据		**本标段基础施工图**		验收依据		《110kV～1000kV 架空输电线路施工及验收规范》（Q/GDW 10115—2022）			

类别	序号	检查项目			质量标准	单位	检查记录				检查结果
							A	B	C	D	
主控项目	1	孔底标高偏差			符合设计要求		符合设计要求				合格
	2	孔底沉渣或虚土厚度		端承桩	≤50	mm	/	/	/	/	/
				摩擦桩	≤100	mm	90	90	90	90	合格
	3	护壁泥浆质量		泥浆比重	1.15～1.2		1.15	1.15	1.15	1.15	合格
一般项目	1	桩径允许偏差	泥浆护壁钻、挖、冲孔桩	$D{\leq}1000$	±50	mm	/	/	/	/	/
				$D{>}1000$	±50		45	45	45	45	合格
			锤击（振动）沉管振动冲击沉管成孔		−20	mm	/	/	/	/	/
			螺旋钻、机动洛阳铲不平等成孔灌注桩		−20	mm	/	/	/	/	/
	2	垂直偏差			≤1%H_3	mm	180	180	180	180	合格

续表

类别	序号	检查项目		质量标准	单位	检查记录				检查结果
						A	B	C	D	
一般项目	3	桩位允许偏差	泥浆护壁 $D \leq 1000$	$\leq 70 + 0.01H_2$	mm	/	/	/	/	/
			泥浆护壁 $D > 1000$	$\leq 100 + 0.01H_2$	mm	100	100	100	100	合格
			长螺旋钻孔、沉管成孔 $D \leq 500$	$\leq 70 + 0.01H$	mm	/	/	/	/	/
			长螺旋钻孔、沉管成孔 $D > 500$	$\leq 100 + 0.01H$	mm	/	/	/	/	/
			干成孔	$\leq 70 + 0.01H$	mm	/	/	/	/	/
备注										
验收结论		**验收合格。**								
施工单位		班组质检员：××× 班组长：××× 项目部质检员：×××							××××年××月××日	
监理单位		监理员：××× 专业监理工程师：×××							××××年××月××日	

注　表中 D 为桩径；H 为柱深；H_2 为施工现场地面标高与桩顶设计标高的距离；H_3 为桩的深度。

* 代表：基础工程、01 标段、灌注桩基础施工、灌注桩成孔、第 1 号。

填写说明：

1. 适用范围及要求：

（1）该表适用于混凝土灌注桩基础成孔验收。

（2）检验标准参照《建筑桩基技术规范》（JGJ 94—2008）、《钻孔灌注桩施工规程》（DZ/T 0155—1995）执行。

（3）其他执行设计要求及施工验收规范。

2. 检查数量：

（1）主控项目应全数检查。

（2）一般项目应全数检查。

3. **检验批划分：该检验批按每基塔同时施工的全数桩作为一个检验批。**

4. "验收部位"应填写同时间段施工的××塔××腿××桩。

5. "检查记录"应填写检测后最大偏差值或超范围的所有数据。

表 A.2　灌注桩成孔检验批质量验收附件表（线基 8）

编号：02010301001

序号	附件名称	附件编号	备注
1	钻孔灌注桩钻孔施工记录（线记 4）	××××	
2			
3			
4			
5			
6			

施工单位 检查结果	齐全完整。 项目部质检员：×××	××××年××月××日
监理单位 验收结论	真实有效。 专业监理工程师：×××	××××年××月××日

注　1. 此表附在表 A.1 后面，主要填写与表 A.1 有直接关系的，并能说明表 A.1 对应内容事实的有关技术资料名称与编号，便于检查、追索。
　　2. 本表编号与表 A.1 的编号一致。

15. 线基9 灌注桩钢筋笼检验批质量验收记录及其附件表

表 A.1 灌注桩钢筋笼检验批质量验收记录（线基9）

编号：02010302001*

工程名称				分部工程名称	基础工程
分项工程名称		混凝土灌注桩基础施工		验收部位	N11
施工单位				项目经理	
分包单位				分包项目负责人	
施工依据		本标段基础施工图		验收依据	《110kV～1000kV 架空输电线路施工及验收规范》（Q/GDW 10115—2022）

类别	序号	检查项目	质量标准	单位	检查记录	检查结果
主控项目	1	原材料抽检	钢筋见证取样及力学性能应符合《钢筋混凝土用钢 第 1 部分：热轧光圆钢筋》（GB 1499.1—2017）、《钢筋混凝土用钢 第 2 部分：热轧带肋钢筋》（GB 1499.2—2018）规定		钢筋连接力学性能已检测 检测报告：_____	合格
	2	钢筋的品种、级别、规格和数量	符合设计要求		受力钢筋的品种、级别、规格和数量符合设计要求	合格
	3	钢筋弯折	① 光圆钢筋其弯弧内直径不应小于钢筋直径的 2.5 倍；② 400MPa 级带肋钢筋其弯弧内直径不应小于钢筋直径的 4 倍；③ 箍筋弯折处弯弧内直径不应小于纵向受力钢筋的直径；箍筋弯折处纵向受力钢筋为搭接钢筋或并筋时，应按钢筋实际排布情况确定箍筋弯弧内直径		钢筋弯折符合 Q/GDW 10115—2022	合格
	4	纵向受力钢筋	纵向受力钢筋的弯折后平直段长度应符合设计要求。光圆钢筋末端做 180°弯钩时，弯钩的平直段长度不应小于钢筋直径的 3 倍		纵向受力钢筋符合 Q/GDW 10115—2022	合格

类别	序号	检查项目		质量标准	单位	检查记录	检查结果
主控项目	5	接头质量		符合《钢筋焊接及验收规程》（JGJ 18—2012）、《钢筋机械连接技术规程》（JGJ 107—2016）的规定		钢筋焊接接头符合《钢筋焊接及验收规程》（JGJ 18—2012）	合格
一般项目	1	钢筋的表面质量		平直、洁净，不应有伤痕、油污、片状老锈和麻点		钢筋的表面平直、洁净	合格
	2	钢筋笼吊放质量		应符合设计要求，不碰孔壁，固定牢固		符合设计要求，不碰孔壁，固定牢固	合格
	3	主筋间距偏差		±10	mm	+8	合格
	4	钢筋笼长度偏差		±50	mm	+45	合格
	5	箍筋间距		±20	mm	+15	合格
	6	钢筋笼直径偏差		±10	mm	+8	合格
	7	钢筋加工偏差	受力钢筋顺长度方向全长的净尺寸	±10	mm	+8	合格
	8		弯起钢筋的弯折位置	±20	mm	+18	合格
	9		箍筋内净尺寸	±5	mm	+4	合格
	10	主筋保护层厚度	水下	≥−20	mm	−10	合格
	11		非水下	≥−10	mm	/	/
	12	钢筋笼安装深度偏差		+100～0	mm	+80	合格
备注							
验收结论		验收合格。					
施工单位		班组质检员：××× 班组长：××× 项目部质检员：×××				××××年××月××日	
监理单位		监理员：××× 专业监理工程师：×××				××××年××月××日	

* 代表：基础工程、01标段、灌注桩基础施工、灌注桩钢筋笼、第1号。

填写说明：

1. 适用范围及要求：

（1）该表适用于现浇混凝土钢筋加工验收。

（2）加工及检测应按现行《钢筋混凝土用钢　第 1 部分：热轧光圆钢筋》（GB 1499.1—2017）、《钢筋混凝土用钢　第 2 部分：热轧带肋钢筋》（GB 1499.2—2018）执行。

（3）其他执行设计要求及施工验收规范。

2. 检查数量：

（1）主控项目应全数检查。

（2）一般项目应全数检查。

3. **检验批划分：该检验批按同批次制作的灌注桩钢筋加工作为一个检验批。**

4. "验收部位"应填写同时间段施工的××塔。

表 A.2　灌注桩钢筋笼检验批质量验收附件表（线基 9）

编号：02010302001

序号	附件名称	附件编号	备注
1	钢筋连接力学性能检测报告	×××××	
2	钢筋电弧焊施工检查记录（线记 7）	×××××	
3	钢筋机械连接施工检查记录（线记 8）	×××××	
4			
5			
6			
施工单位检查结果	齐全完整。 项目部质检员：×××		××××年××月××日
监理单位验收结论	真实有效。 专业监理工程师：×××		××××年××月××日

注　1. 此表附在表 A.1 后面，主要填写与表 A.1 有直接关系的，并能说明表 A.1 对应内容事实的有关技术资料名称与编号，便于检查、追索。

　　2. 本表编号与表 A.1 的编号一致。

16. 线基10 灌注桩混凝土施工检验批质量验收记录及其附件表

表 A.1 灌注桩混凝土施工检验批质量验收记录（线基10）

编号：02010303001*

工程名称				分部工程名称	**基础工程**	
分项工程名称			**混凝土灌注桩基础施工**	验收部位	**单桩：N11 塔 ABCD 腿** **群桩：N11 塔 A 腿 abcd 桩**	
施工单位				项目经理		
分包单位				分包项目负责人		
施工依据			**本标段基础施工图**	验收依据	《110kV～1000kV 架空输电线路施工及验收规范》（Q/GDW 10115—2022）	

类别	序号	检查项目	质量标准	单位	检查记录	检查结果
主控项目	1	混凝土强度	符合设计要求		混凝土试块强度报告：_____	合格
	2	试块制作数量	符合《110kV～1000kV 架空输电线路施工及验收规范》（Q/GDW 10115—2022）第8.2.13 规定		ABCD 腿留置试块各 1 组承台及连梁留置试块 1 组	合格
	3	混凝土运输、浇筑及间歇	混凝土运输、浇筑及间歇的全部时间不应超过混凝土的初凝时间，每根桩的浇筑时间应按初盘混凝土的初凝时间控制		（1）现场机搅大于3min，浇筑无间歇。 （2）商混运输时间小于90min，浇筑无间歇	合格
	4	配合比	符合《普通混凝土配合比设计规程》（JGJ 55—2011）的规定		C30 配合比报告：_____	合格
一般项目	1	开盘鉴定	首次使用的配合比应进行开盘鉴定，其工作性应满足设计配合比的要求		（1）商品混凝土厂家开盘鉴定报告。 （2）机搅混凝土现场完成开盘鉴定	合格
	2	泥浆比重（黏土或砂性土中）	1.15～1.20		1.2	合格
	3	泥浆面标高（高于地下水位）	0.5～1.0	m	0.6	合格

续表

类别	序号	检查项目		质量标准	单位	检查记录	检查结果
一般项目	4	混凝土坍落度	水下灌注	180～220	mm	200	合格
			干施工	50～70	mm	/	/
	5	单桩基础地脚螺栓尺寸偏差	外露偏差	－5，+10	mm	+8	合格
	6	单桩基础养护**		混凝土浇筑完毕后应及时进行养护，养护时间以及养护方法应符合施工方案要求		浇筑后立即开始浇水养护	合格

备注	
验收结论	验收合格。
施工单位	班组质检员：××× 班组长：××× 项目部质检员：×××　　　　　　　　　××××年××月××日
监理单位	监理员：××× 专业监理工程师：×××　　　　　　　　　　××××年××月××日

* 代表：基础工程、01 标段、灌注桩基础施工、灌注桩混凝土施工、第 1 号。

** 代表：在 Q/GDW 10121—2022 基础上，新增该项目。

填写说明：

1. 适用范围及要求：

（1）该表适用于灌注桩混凝土基础施工验收。

（2）预拌混凝土应符合现行《预拌混凝土》（GB/T 14902—2012）的有关规定；泵送混凝土应符合现行《混凝土泵送施工技术规程》（JGJ/T 10—2011）的有关规定。

（3）配合比应按现行《普通混凝土配合比设计规程》（JGJ 55—2011）的有关规定执行。

（4）试件留置应符合现行《建筑工程检测试验技术管理规范》（JGJ 190—2010）的有关规定。

（5）其他执行设计要求及施工验收规范。

（6）与混凝土原材料及配合比设计检验批质量验收记录表配合使用。

2. 检查数量：

（1）主控项目。

1）试块的制作应每桩取一组，承台及连梁试块的制作数量应每基取一组。

2）混凝土：按同一生产厂家、同一等级、同一品种、同一批号且连续进场的水泥，袋装不超过 200t 为一批，散装不超过 500t 为一批，每批抽样至少 1 次。

3）混凝土运输、浇筑及间歇：应全数检查。

4）非饮用水的其他水源：同一水源检查不应少于 1 次。

（2）一般项目应全数检查。

3. 检验批划分：该检验批按每基础同时浇筑的混凝土为一个检验批。

4."验收部位"应填写同时间段施工的××塔××腿××桩。

5."检查记录"应填写检测后最大偏差值或超范围的所有数据。

表 A.2 灌注桩混凝土施工检验批质量验收附件表（线基 10）

编号：02010303001

序号	附件名称	附件编号	备注
1	砂、石、水泥原材料检验报告	×××××	
2	配合比报告	×××××	
3	混凝土试块强度报告	×××××	
4	钻孔灌注桩水下混凝土灌注记录（线记 5）	×××××	
5	混凝土开盘鉴定施工记录（线记 6）	×××××	
6	大体积混凝土测温、养护记录（线记 9）	×××××	
7	冬期施工混凝土搅拌测温记录（线记 10）	×××××	
8	冬期施工混凝土工程养护测温记录（线记 11）	×××××	
施工单位 检查结果	齐全完整。 项目部质检员：×××		××××年××月××日
监理单位 验收结论	真实有效。 专业监理工程师：×××		××××年××月××日

注 1. 此表附在表 A.1 后面，主要填写与表 A.1 有直接关系的，并能说明表 A.1 对应内容事实的有关技术资料名称与编号，便于检查、追索。

　　2. 本表编号与表 A.1 的编号一致。

17. 线基 11 灌注桩成桩检验批质量验收记录及其附件表

表 A.1 灌注桩成桩检验批质量验收记录（线基 11）

编号：02010304001*

工程名称					分部工程名称		基础工程	
分项工程名称		混凝土灌注桩基础施工			验收部位		N11	
施工单位					项目经理			
分包单位					分包项目负责人			
施工依据		本标段基础施工图			验收依据		《110kV～1000kV 架空输电线路施工及验收规范》（Q/GDW 10115—2022）	

类别	序号	检查项目	质量标准		单位	检查记录		检查结果
主控项目	1	承载力	符合设计要求			高应变检测，承载力满足设计要求		合格
	2	混凝土强度	符合设计要求			试块强度报告：_____		合格
	3	桩体质量检验	应符合《电力工程基桩检测技术规程》（DL/T 5493—2014）、《建筑基桩检测技术规范》（JGJ 106—2014）的规定			低应变检测，桩身完整性检测为Ⅰ类桩		合格
一般项目	1	混凝土充盈系数	一般土≥1 软土≥1.1			充盈系数 1.1		合格
	2	桩顶标高偏差	−50～+30		mm	20		合格
	3	基础根开及对角线尺寸	设计值	AB: BC: CD: DA: AC: BD:	mm	AB: 实测值 CD: 实测值 AC: 实测值	BC: 实测值 DA: 实测值 BD: 实测值	合格
			一般塔	螺栓式	±0.2%			
			高塔		±0.07%			

续表

备注	
验收结论	验收合格。
施工单位	班组质检员：××× 班组长：××× 项目部质检员：×××　　　　　　　　　　　　××××年××月××日
监理单位	监理员：××× 专业监理工程师：×××　　　　　　　　　　　　××××年××月××日

* 代表：基础工程、01 标段、灌注桩基础施工、灌注桩成桩、第 1 号。

填写说明：

1. 适用范围及要求：

（1）该表适用于混凝土灌注桩基础施工验收。

（2）承载力检测参照《建筑基桩检测技术规范》（JGJ 106—2014）的有关规定执行。

（3）其他执行设计要求及施工验收规范。

2. 检查数量：

（1）主控项目。

1）承载力检验：应按现行有关标准或按经专项论证的检验方案抽样检测。

2）桩体质量检验：对设计等级为甲级或地质条件复杂，成桩质量可靠性低的灌注桩，抽检数量不应少于总数的 30%，且不应少于 20 根；其他桩基工程的抽检数量不应少于总数的 20%，且不应少于 10 根；对地下水位以上且终孔后经过核验的灌注桩，检验数量不应少于总桩数的 10%，且不得少于 10 根。每个柱子承台下不得少于 1 根。

3）混凝土强度试件：每浇筑 50m³ 必须有 1 组试件，小于 50m³ 的桩，每根桩必须有 1 组试件。

4）桩位偏差：应全数检查。

（2）一般项目应全数检查。

3. 检验批划分：该检验批按每基塔同时施工的全数桩作为一个检验批。

4. "验收部位"应填写同时间段施工的××塔。

5. "检查记录"应填写检测后最大偏差值或超范围的所有数据。

表 A.2 灌注桩成桩检验批质量验收附件表（线基 11）

编号：02010304001

序号	附件名称	附件编号	备注
1	高应变检测报告	××××	
2	低应变检测报告	××××	
3	混凝土试块强度报告	××××	
4			
5			
6			
施工单位 检查结果	齐全完整。 项目部质检员：×××		××××年××月××日
监理单位 验收结论	真实有效。 专业监理工程师：×××		××××年××月××日

注 1. 此表附在表 A.1 后面，主要填写与表 A.1 有直接关系的，并能说明表 A.1 对应内容事实的有
关技术资料名称与编号，便于检查、追索。
2. 本表编号与表 A.1 的编号一致。

18. 线基12　先张法预应力管桩施工检验批质量验收记录及其附件表

表 A.1　先张法预应力管桩施工检验批质量验收记录（线基12）

编号：02010501001*

工程名称				分部工程名称		基础工程
分项工程名称		贯入桩基础施工		验收部位		N12
施工单位				项目经理		
分包单位				分包项目负责人		
施工依据		本标段基础施工图		验收依据		《110kV～1000kV 架空输电线路施工及验收规范》（Q/GDW 10115—2022）

类别	序号	检查项目			质量标准	单位	检查记录	检查结果
主控项目	1	承载力			符合设计要求		高能应变检测报告（抽样中的）	合格
	2	先张法预应力管桩规格、数量			符合设计要求		符合设计要求	合格
	3	桩位偏差	桩数为1～3根桩基中的桩		≤100	mm	/	/
			桩数为4～16根桩基中的桩		不大于1/2桩径或边长	mm	200（按桩径600考虑）	合格
			桩数大于16根桩基中的桩	最外边的桩	不大于1/3桩径或边长	mm	/	/
				中间桩	不大于1/2桩径或边长	mm	/	/
	4	斜桩倾斜度偏差			倾斜角正切值15	%	/	/
	5	桩体质量检验			符合设计要求和有关现行标准的规定		符合《先张法预应力混凝土管桩》（GB 13476—2009）规定	合格
	6	贯入深度			符合设计要求		符合设计要求	合格
	7	接桩材料、材质			符合设计要求和有关现行标准的规定		符合《先张法预应力混凝土管桩》（GB 13476—2009）规定	合格
一般项目	1	停锤标准			符合设计要求		符合设计要求	合格
	2	成品桩质量	外观		应无蜂窝、露筋、裂缝、色感均匀、桩顶处无孔隙		内实外光	合格

续表

类别	序号	检查项目			质量标准	单位	检查记录	检查结果
一般项目	2	成品桩质量		桩径偏差	±5	mm	+4	合格
				管壁厚度偏差	±5	mm	+4	合格
				桩尖中心线偏差	<2	mm	1.5	合格
				顶面平整度	≤10	mm	8	合格
				桩体弯曲	小于1/1000桩长	mm	20（按桩长21m考虑）	合格
	3	接桩	焊缝质量	焊缝电焊质量外观	无气孔，无焊瘤，无裂缝		无气孔，无焊瘤，无裂缝	合格
				焊缝探伤检验	符合设计要求		符合设计要求	合格
				上下节端部错口 外径不小于700mm	≤3	mm	/	/
				上下节端部错口 外径小于700mm	≤2	mm	1.5	合格
				焊缝咬边深度	≤0.5	mm	0.3	合格
				焊缝加强层高度偏差	≤2	mm	1.5	合格
				焊缝加强层宽度偏差	≤2	mm	1.5	合格
			电焊结束后停歇时间	焊接	不宜小于8	min	2	合格
				机械连接	>1			合格
			上下节平面偏差		<10	mm	8	合格
			节点弯曲矢高		小于1/1000两节桩长	mm	20（按照12m+9m接桩考虑）	合格
	4	桩顶标高偏差			±50	mm	+40	合格
备注								
验收结论		验收合格。						
施工单位		班组质检员：××× 班组长：××× 项目部质检员：×××					××××年××月××日	
监理单位		监理员：××× 专业监理工程师：×××					××××年××月××日	

＊代表：基础工程、01标段、贯入桩基础施工、先张法预应力管桩施工、第1号。

填写说明:

1. 适用范围及要求:

(1) 该表适用于先张法预应力管桩基础施工验收。

(2) 承载力检测参照《建筑基桩检测技术规范》(JGJ 106—2014)的有关规定执行。

(3) 其他执行设计要求及施工验收规范。

2. 检查数量:

(1) 主控项目:

1) 承载力:应按《建筑基桩检测技术规范》(JGJ 106—2014)抽样检测。

2) 桩身质量检验:全数检测。

3) 桩位偏差:全数检查。

(2) 一般项目:

1) 重要工程应对电焊接桩的接头做 10%的探伤检查。

2) 其他一般项目:按桩数至少抽查 20%。

3. **检验批划分:该检验批按每基塔同时施工的全数桩作为一个检验批。**

4. "验收部位"应填写同时间段施工的××塔。

5. "检查记录"应填写检测后最大偏差值或超范围的所有数据。

表 A.2 先张法预应力管桩施工检验批质量验收附件表(线基 12)

编号:02010501001

序号	附件名称	附件编号	备注
1	**高能应变检测报告**	**×××××**	
2			
3			
4			
5			
6			

施工单位 检查结果	**齐全完整。** 项目部质检员:**×××**	**××××**年**××**月**××**日
监理单位 验收结论	**真实有效。** 专业监理工程师:**×××**	**××××**年**××**月**××**日

注 1. 此表附在表 A.1 后面,主要填写与表 A.1 有直接关系的,并能说明表 A.1 对应内容事实的有关技术资料名称与编号,便于检查、追索。

2. 本表编号与表 A.1 的编号一致。

19. 线基 13　基础锚杆成孔及锚筋加工检验批质量验收记录及其附件表

表 A.1　基础锚杆成孔及锚筋加工检验批质量验收记录（线基 13）

编号：02010601001*

工程名称			分部工程名称	基础工程
分项工程名称	锚筋基础施工		验收部位	N101
施工单位			项目经理	
分包单位			分包项目负责人	
施工依据	本标段基础施工图		验收依据	《110kV～1000kV 架空输电线路施工及验收规范》（Q/GDW 10115—2022）

类别	序号	检查项目	质量标准	单位	检查记录	检查结果
主控项目	1	地质条件	符合设计要求		符合设计要求	合格
	2	原材料抽检	钢筋见证取样及力学性能应符合《钢筋混凝土用钢　第 1 部分：热轧光圆钢筋》（GB 1499.1—2017）、《钢筋混凝土用钢　第 2 部分：热轧带肋钢筋》（GB 1499.2—2018）的规定		钢筋连接力学性能已检测 检测报告：_____	合格
	3	锚孔数量	符合设计要求		符合设计要求	合格
	4	锚孔孔深	0，+100	mm	+90	合格
	5	锚孔孔径	0，+20	mm	+15	合格
	6	孔内壁清洁度	孔洞中的石粉、浮土及孔壁松散的活石应清除干净		孔洞已清除干净	合格

续表

类别	序号	检查项目		质量标准	单位	检查记录	检查结果
一般项目	1	孔间距	承台式锚筋基础	±100	mm	+90	合格
	2	倾斜度		≤1	%	0.7	合格
	3	锚杆弯曲度		不大于2.5mm/m		1mm/m	合格
	4	锚筋表面质量		钢筋应平直、无损伤，表面不得有裂纹、油污、颗粒状或片状老锈		钢筋的表面平直、洁净	合格
	5	锚杆长度		设计长度的±2.5%		设计长度1.2%	合格
	6	锚固头制作		符合设计要求		符合设计要求	合格
备注							
验收结论		验收合格。					
施工单位		班组质检员：××× 班组长：××× 项目部质检员：×××				××××年××月××日	
监理单位		监理员：××× 专业监理工程师：×××				××××年××月××日	

* 代表：基础工程、01标段、锚杆基础施工、基础锚杆成孔及锚筋加工、第1号。

填写说明：

1. 适用范围及要求：

（1）该表适用于岩石锚筋基础锚筋孔打设施工验收；锚杆基础同样适用。

（2）参照《输电线路岩石锚筋基础施工工艺导则》（Q/GDW 11331—2014）执行。

（3）其他执行设计要求及施工验收规范。

2. 检查数量：

（1）主控项目应全数检查。

（2）一般项目应全数检查。

3. **检验批划分：该检验批按每个塔基同时验收的锚筋孔为一个检验批。**

4. "验收部位"应填写同时间段施工的××塔。

5. "检查记录"应填写检测后最大偏差值或超范围的所有数据。

表 A.2 基础锚杆成孔及锚筋加工检验批质量验收附件表（线基 13）

编号：02010601001

序号	附件名称	附件编号	备注
1	钢筋连接力学性能检测报告	×××××	
2	地基验槽验收记录（线记 3）	×××××	
3	钢筋电弧焊施工检查记录（线记 7）	×××××	
4	钢筋机械连接施工检查记录（线记 8）	×××××	
5			
6			
施工单位检查结果	齐全完整。 项目部质检员：×××		××××年××月××日
监理单位验收结论	真实有效。 专业监理工程师：×××		××××年××月××日

注 1. 此表附在表 A.1 后面，主要填写与表 A.1 有直接关系的，并能说明表 A.1 对应内容事实的有关技术资料名称与编号，便于检查、追索。

2. 本表编号与表 A.1 的编号一致。

20. 线基14　基础锚杆安装及混凝土灌注检验批质量验收记录及其附件表

表 A.1　基础锚杆安装及混凝土灌注检验批质量验收记录（线基14）

编号：02010602001*

工程名称				分部工程名称		基础工程	
分项工程名称		锚筋基础施工		验收部位		N101	
施工单位				项目经理			
分包单位				分包项目负责人			
施工依据		本标段基础施工图		验收依据		《110kV～1000kV 架空输电线路施工及验收规范》（Q/GDW 10115—2022）	
类别	序号	检查项目	质量标准	单位	检查记录		检查结果
主控项目	1	锚杆的极限抗拔力	符合设计要求		锚杆抗拔力检测报告：___		合格
	2	锚筋规格、数量、焊接质量及外观质量	符合设计、规范要求		符合设计、规范要求		合格
	3	锚筋插入深度、留置长度	不得小于设计值		大于设计值		合格
	4	注浆	必须符合规范要求。锚孔内混凝土或砂浆灌注时，应分层捣固，并采取措施减少收缩量		符合规范要求		合格
	5	注浆强度	每基铁塔取一组试块，试块强度必须符合设计要求		大于设计混凝土强度		合格
一般项目	1	锚筋插入时对锚孔口的保护是否到位	必须符合规范要求		无破坏		合格
	2	锚筋插入时防止杂物进入孔内	必须符合规范要求		无杂物进入		合格
	3	锚筋安装后是否采取临时固定措施	必须符合设计要求		临时固定措施到位		合格
备注							
验收结论		验收合格。					
施工单位检查结果		班组质检员：××× 班组长：××× 项目部质检员：×××				××××年××月××日	
监理单位		监理员：××× 专业监理工程师：×××				××××年××月××日	

* 代表：基础工程、01 标段、基础锚杆施工、基础锚杆安装及混凝土灌注、第 1 号。

填写说明：

1. 适用范围及要求：

（1）该表适用于岩石锚筋基础锚筋孔打设施工验收。

（2）参照《输电线路岩石锚筋基础施工工艺导则》（Q/GDW 11331—2014）执行。

（3）其他执行设计要求及施工验收规范。

2. 检查数量：

（1）主控项目应全数检查。

（2）一般项目应全数检查。

3. **检验批划分：该检验批按每个基础同时验收的锚筋安装为一个检验批。**

4. "验收部位"应填写同时间段施工的××塔。

5. "检查记录"应填写检测后最大偏差值或超范围的所有数据。

表 A.2 基础锚杆安装及混凝土灌注检验批质量验收附件表（线基 14）

编号：02010602001

序号	附件名称	附件编号	备注
1	锚杆的极限抗拔力报告	×××××	
2	混凝土开盘鉴定施工记录（线记 6）	×××××	
3	大体积混凝土测温、养护记录（线记 9）	×××××	
4	冬期施工混凝土搅拌测温记录（线记 10）	×××××	
5	冬期施工混凝土工程养护测温记录（线记 11）	×××××	
6			
施工单位 检查结果	齐全完整。 项目部质检员：×××		××××年××月××日
监理单位 验收结论	真实有效。 专业监理工程师：×××		××××年××月××日

注 1. 此表附在表 A.1 后面，主要填写与表 A.1 有直接关系的，并能说明表 A.1 对应内容事实的有关技术资料名称与编号，便于检查、追索。

2. 本表编号与表 A.1 的编号一致。

21. 线基15 基础防腐施工检验批质量验收记录及其附件表

表 A.1 基础防腐施工检验批质量验收记录（线基 15）

编号：02011001001*

工程名称				分部工程名称	基础工程
分项工程名称		防腐蚀施工		验收部位	N1
施工单位				项目经理	
分包单位				分包项目负责人	
施工依据		本标段基础施工图		验收依据	《110kV～1000kV 架空输电线路施工及验收规范》（Q/GDW 10115—2022）

类别	序号	检查项目	质量标准	单位	检查记录	检查结果
主控项目	1	涂料类的品种、型号、规格和性能质量	符合设计要求或国家现行有关标准规定		符合设计要求	合格
	2	防腐蚀工程的涂装	防腐蚀工程的涂装施工条件、涂装配套系统、施工工艺和涂装间隔时间应符合设计规定或国家现行有关标准规定		符合设计要求	合格
	3	基层处理	符合设计要求		符合设计要求	合格
	4	涂层的层数和厚度	涂层的层数和厚度应符合设计规定。涂层厚度小于设计规定厚度的测点数不应大于 10%，且测点处实测厚度不应小于设计规定厚度的 90%		符合设计要求	合格
一般项目	1	涂层外观质量	涂层表面应光滑平整、色泽一致，无气泡、透底、返锈、返黏、起皱、开裂、剥落、漏涂和误涂等缺陷		表面无缺陷	合格

续表

类别	序号	检查项目	质量标准	单位	检查记录	检查结果
一般项目	2	涂装后涂层的养护时间	符合涂料产品使用说明书的规定		符合涂料产品使用说明书的规定	合格
	3	损坏的涂层修补	损坏的涂层应按涂料工艺分层修补，修补后的涂层应完整、色泽均匀一致，附着力应符合设计要求		符合设计要求	合格

备注	
验收结论	验收合格，同意隐蔽。
施工单位	班组质检员：✕✕✕ 班组长：✕✕✕ 项目部质检员：✕✕✕　　　　　　　　✕✕✕✕年✕✕月✕✕日
监理单位	监理员：✕✕✕ 专业监理工程师：✕✕✕　　　　　　　　✕✕✕✕年✕✕月✕✕日

* 代表：基础工程、01 标段、基础防腐施工、基础防腐施工、第 1 号。

填写说明：

1. 适用范围及要求：本表格适用于基础防腐的质量验收，完成当日填写本表。质量验收以施工图、国家电网有限公司输变电工程标准工艺要求为依据进行检查。

2. 检查数量：

（1）涂料类的品种、型号、规格和性能质量检查及涂料的相关产品质量证明文件，设计要求送检的，检查送检报告，记录"符合设计或标准要求"。

（2）防腐蚀工程的涂装，检查现场涂装的设备、工艺及现场施工气候环境条件，记录"符合设计或标准要求"。

（3）基层处理的检查，主要检查施工是否按照工艺、标准的要求进行基础表面的处理，记录"符合设计或标准要求"。

（4）涂层的层数和厚度，主要检查施工是否按照工艺、标准的要求进行涂装施工，厚度的测量采用多点采样测量，记录"符合设计或标准要求"。

（5）损坏的涂层修补、养护时间，主要检查施工是否按照工艺、标准、产品说明书等要求进行修补及养护，记录"符合设计或标准要求"。

3. **检验批划分**：以单基铁塔的线防设施为一个检验批。

表 A.2 基础防腐施工检验批质量验收附件表（线基 15）

编号：02011001001

序号	附件名称	附件编号	备注
1	无	无	
2			
3			
4			
5			
6			
施工单位检查结果	齐全完整。 项目部质检员：×××		××××年××月××日
监理单位验收结论	真实有效。 专业监理工程师：×××		××××年××月××日

注 1. 此表附在表 A.1 后面，主要填写与表 A.1 有直接关系的，并能说明表 A.1 对应内容事实的有关技术资料名称与编号，便于检查、追索。

2. 本表编号与表 A.1 的编号一致。

22. 线基16 螺旋锚基础锚杆成孔及安装检验批质量验收记录及其附件表

表 A.1 螺旋锚基础锚杆成孔及安装检验批质量验收记录（线基16）

编号：02011101001*

工程名称		分部工程名称	基础工程
分项工程名称	螺旋锚基础施工	验收部位	N1塔 ABCD 腿
施工单位		项目经理	
分包单位		分包项目负责人	
施工依据	本标段基础施工图	验收依据	《110kV～1000kV架空输电线路施工及验收规范》（Q/GDW 10115—2022）、《架空输电线路螺旋锚基础施工及质量验收规范》（Q/GDW 10585—2022）

类别	序号	检查项目	质量标准		单位	检查记录 A	B	C	D	检查结果
主控项目	1	地质条件	符合设计要求，且无扰动后的地质			符合设计要求				合格
	2	锚杆钢管接头数量、位置	符合设计要求			符合设计要求				合格
	3	防腐处理	符合设计要求和现行有关标准规定			符合设计要求				合格
	4	锚杆和锚盘的规格、尺寸、数量	符合设计要求			符合设计要求				合格
	5	表面质量	钢材的表面不应有裂缝、折叠、结疤、夹杂和重皮；表面有锈蚀、麻点、划痕时，其深度不应大于该钢材厚度负偏差值的1/2，且累计误差在负允许偏差内			外观质量无缺陷				合格
	6	锚杆的施钻深度	设计值：偏差值：±50							合格
	7	桩位水平偏差	混凝土承台群锚	≤100	mm	90	90	90	90	合格
			钢制承台或单锚	≤50		/	/	/	/	/
	8	拧锚施工扭矩	设计值：	不大于设计值	kN·m					合格
	9	承载力	设计值：	符合设计要求						合格

续表

类别	序号	检查项目	质量标准	单位	检查记录				检查结果
					A	B	C	D	
一般项目	1	直锚垂直偏差	≤2	(°)	1	1	1	1	合格
	2	斜锚角度偏差	≤3	(°)	1	1	1	1	合格
	3	锚杆间距（非单锚）	设计值：±30	mm	20	20	20	20	合格
	4	灌注水泥砂浆	灌注量不应小于设计量		大于设计量	大于设计量	大于设计量	大于设计量	合格
备注									
验收结论		**验收合格。**							
施工单位		班组质检员：**✗✗✗** 班组长：**✗✗✗** 项目部质检员：**✗✗✗**					**✗✗✗✗年✗✗月✗✗日**		
监理单位		监理员：**✗✗✗** 专业监理工程师：**✗✗✗**					**✗✗✗✗年✗✗月✗✗日**		

* 代表：基础工程、01标段、螺旋锚基础施工、锚杆成孔及安装、第1号。

填写说明：

1. 适用范围及要求：

（1）该表适用于螺旋锚基础检验批。

（2）承载力检测参照《架空输电线路螺旋锚基础设计规范》（Q/GDW 10584—2022）的有关规定执行。

（3）其他执行设计要求及施工验收规范。

2. 检查数量：

（1）主控项目应全数检查。

（2）一般项目应全数检查。

3. **检验批划分：该检验批按每基塔全数桩作为一个检验批。**

4. "验收部位"应填写同时间段施工的✗✗塔✗✗腿。

5. "检查记录"应填写检测后最大偏差值或超范围的所有数据。

6. "验收结论"：由专业监理工程师根据主控项目及一般项目的检查验收情况，手工填写"验收合格"或"验收不合格"；隐蔽工程还应填写"同意隐蔽"或"不同意隐蔽"。

表 A.2　螺旋锚基础锚杆成孔及安装检验批质量验收附件表（线基 16）

编号：02011101001

序号	附件名称	附件编号	备注
1	锚杆的极限抗拔力报告	×××××	
2	混凝土开盘鉴定施工记录（线记 6）	×××××	
3	大体积混凝土测温、养护记录（线记 9）	×××××	
4	冬期施工混凝土搅拌测温记录（线记 10）	×××××	
5	冬期施工混凝土工程养护测温记录（线记 11）	×××××	
6			
施工单位 检查结果	齐全完整。 项目部质检员：×××		××××年××月××日
监理单位 验收结论	真实有效。 专业监理工程师：×××		××××年××月××日

注　1. 此表附在表 A.1 后面，主要填写与表 A.1 有直接关系的，并能说明表 A.1 对应内容事实的有关技术资料名称与编号，便于检查、追索。

2. 本表编号与表 A.1 的编号一致。

63

23. 线地1 接地开挖检验批质量验收记录及其附件表

表 A.1 接地开挖检验批质量验收记录（线地1）

编号：03010101001*

工程名称				分部工程名称		接地工程						
分项工程		接地开挖		验收部位		N1						
施工单位				项目经理								
分包单位				分包项目负责人								
施工依据		本标段机电施工图		验收依据		《110kV～1000kV 架空输电线路施工及验收规范》（Q/GDW 10115—2022）						

类别	序号	检查项目	质量标准	单位	检查记录 1	2	3	4	5	6	7	8	检查结果
主控项目	1	接地沟长度	符合设计要求	m									合格
	2	接地沟深度	符合设计要求	m									合格
	3	垂直接地孔布置	符合设计要求										合格
	4	垂直接地孔直径	符合设计要求	mm									合格
	5	垂直接地孔深度	符合设计要求	m									合格
	6	接地沟（模块）间距	符合设计要求及符合《110kV～750kV 架空输电线路施工及验收规范》（GB 50233—2014）第9.0.4条的规定，≥5	m									合格
		垂直接地体间距	符合设计要求	m									合格
一般项目	1	接地沟开挖	接地沟开挖应平直，山区接地沟开挖宜沿等高线开挖	接地沟开挖山区沿等高线，平地平直									合格

备注	
验收结论	验收合格。
施工单位	班组质检员：×××　班组长：×××　项目部质检员：××× 　　　　　　　　　　　　　　　　　　×××年××月××日
监理单位	监理员：×××　专业监理工程师：××× 　　　　　　　　　　　　　　　　　　×××年××月××日

* 代表：接地工程、01标段、接地开挖、接地开挖、第1号。

填写说明：

1. 适用范围及要求：本表适用于输电线路工程水平、垂直等接地装置的铁塔接地沟开挖及安装的验收，包括石墨、铜覆钢、不锈钢等材质类型的接地，接地开挖的验收工作在安装前进行，安装在接地未回填前进行，验收完成当日填写本表。质量验收以施工图、国家电网有限公司输变电工程标准工艺及《电气装置安装工程接地装置施工及验收规范》（GB 50169—2016）要求为依据，包括但不限于接地电阻测量值、接地引下线的弯制和材质、接地沟回填情况等。

2. 检查数量：应测量接地方框、接地射线的长度并记录，其中：

（1）接地射线沟的长度应全部测量，接地数量按照设计图纸，分别记录表中。

（2）两接地沟间距离应抽检至少 2 个点，并记录实测距离。

（3）两接地模块间距离应抽检至少 4 个点，并记录实测距离。

（4）两垂直接地体间距离应全部测量，如本表空格不够可增补，并记录全部实测距离。垂直接地体间距中的 L 指垂直接地体长度。

（5）接地沟和接地方框应随机抽检 10 个点的埋深，记录其中 4 个埋深最浅点的开挖深度。

（6）垂直接地装置所有接地孔的深度均应进行测量，如本表空格不够可增补，并记录全部实测深度。

3. 检验批划分：以单基铁塔接地沟开挖为一个检验批。

表 A.2 接地开挖检验批质量验收附件表（线地 1）

编号：03010101001

序号	附件名称	附件编号	备注
1	**接地工程施工记录（线记 12）**	**×××××**	
2			
3			
4			
5			
6			
施工单位检查结果	**齐全完整。** 项目部质检员：**×××**		**××××年××月××日**
监理单位验收结论	**真实有效。** 专业监理工程师：**×××**		**××××年××月××日**

注 1. 此表附在表 A.1 后面，主要填写与表 A.1 有直接关系的，并能说明表 A.1 对应内容事实的有关技术资料名称与编号，便于检查、追索。

2. 本表编号与表 A.1 的编号一致。

24. 线地 2 接地体安装、回填、电阻测试检验批质量验收记录及其附件表

表 A.1 接地体安装、回填、电阻测试检验批质量验收记录（线地 2）

编号：03010201001*

工程名称				分部工程	接地工程	
分项工程		接地装置施工		验收部位	N1	
施工单位				项目经理		
分包单位				分包项目负责人		
施工依据		本标段机电施工图		验收依据	《110kV～1000kV 架空输电线路施工及验收规范》（Q/GDW 10115—2022）	

类别	序号	检查项目		质量标准	单位	检查记录	检查结果
主控项目	1	接地体规格、数量		符合设计要求		符合设计要求	合格
	2	接地体连接	圆钢接地	符合《110kV～750kV 架空输电线路施工及验收规范》（GB 50233—2014）第 9.0.6 的规定		双面搭接焊长度大于 6D	合格
			铜覆钢	符合《电力工程接地用铜覆钢技术条件》（DL/T 1312—2013）的规定		/	/
			不锈钢复合材料	符合《输电线路杆塔不锈钢复合材料耐腐蚀接地装置（DL/T 248—2012）的规定及设计要求		/	/
			石墨	符合设计要求		/	/
	3	接地体敷设长度、深度		符合《110kV～750kV 架空输电线路施工及验收规范》（GB 50233—2014）第 9.0.6 的规定、符合设计要求		符合设计	合格
	4	接地体防腐		符合《110kV～750kV 架空输电线路施工及验收规范》（GB 50233—2014）第 9.0.6 的规定、符合设计要求		符合设计	合格

续表

类别	序号	检查项目	质量标准	单位	检查记录	检查结果
主控项目	5	接地降阻剂	符合《110kV～750kV 架空输电线路施工及验收规范》（GB 50233—2014）第 9.0.9 的规定、符合设计要求		符合设计	合格
	6	接地引下线	接地引下线材质、规格及连接方式符合设计要求	/	接地引下线采用φ12mm镀锌圆钢，抽查A腿接地引下线与接地框的焊接，焊缝饱满，长度100mm	合格
	7	接地电阻值	符合设计要求	Ω	A：5，B：5，C：5，D：5	合格
一般项目	1	接地引下线弯制	接地引下线贴合铁塔、保护帽。弯制处镀锌无剥落，无生锈。接地螺栓应设防松螺母或防松垫片，宜采用可拆卸的防盗螺栓	/	接地引下线贴合铁塔、保护帽，无镀锌层剥落	合格
			高立柱基础，接地引下线固定方式符合设计要求			
	2	回填土	符合《110kV～750kV 架空输电线路施工及验收规范》（GB 50233—2014）第 5.0.16 的规定	mm	夯实，并预留防尘层	合格
备注						
验收结论		验收合格，同意隐蔽。				
施工单位		班组质检员：×××　班组长：×××　项目部质检员：×××			××××年××月××日	
监理单位		监理员：×××　专业监理工程师：×××			××××年××月××日	

* 代表：接地工程，01 标段，接地体安装、回填、电阻测试，接地体安装、回填、电阻测试，第 1 号。

填写说明：

1. 适用范围及要求：本表适用于单基接地装置完成后进行的接地工程质量验收，完成当日填写本表。质量验收以施工图、国家电网有限公司输变电工程标准工艺及《电气装置安装工程接地装置施工及验收规范》（GB 50169—2016）要求为依据，包括但不限于接地电阻测量值、接地引下线的弯制和材质、接地沟回填情况等。

2. 检查数量：接地电阻、接地引下线和接地沟回填质量应全部检查，其中：

（1）接地电阻值应四个腿独立测量，通过季节系数折算后记录数据。

（2）接地引下线材料、规格及连接方式应符合施工图、标准工艺和验收规范的要求，接地引下线与接地方框的连接应至少开挖抽查一个点，检查记录应翔实反映上述信息。例如，"接地引下线采用ϕX镀锌圆钢，抽查 A 腿接地引下线与接地框的焊接，焊缝饱满，长度 Xmm"。

（3）接地引下线的弯制质量以目测进行外观检查，并记录"××年××月××日补验，接地引下线贴合铁塔、保护帽，无镀锌层剥落"。

（4）接地沟回填质量以目测进行外观检查，并记录"回填并夯实"。

（5）接地沟防沉层应逐条射线测量，每条射线测量不少于 3 个点，汇总结果后挑选记录防沉层厚度最低的 4 个点。

3. **检验批划分**：以单基铁塔接地沟开挖为一个检验批。

4. 设计对接地电阻已按设计规程考虑了季节系数，所测得的电阻值应符合换算后的要求。

表 A.2 接地体安装、回填、电阻测试检验批质量验收附件表（线地 2）

编号：03010201001

序号	附件名称	附件编号	备注
1	无	无	
2			
3			
4			
5			
6			

施工单位 检查结果	**齐全完整**。 项目部质检员：**×××**	**××××**年**××**月**××**日
监理单位 验收结论	**真实有效**。 专业监理工程师：**×××**	**××××**年**××**月**××**日

注 1. 此表附在表 A.1 后面，主要填写与表 A.1 有直接关系的，并能说明表 A.1 对应内容事实的有关技术资料名称与编号，便于检查、追索。

2. 本表编号与表 A.1 的编号一致。

25. 线塔 1　自立式铁塔组立检验批质量验收记录及其附件表

表 A.1　自立式铁塔组立检验批质量验收记录（线塔 1）

编号：04010101001*

工程名称				分部工程 名称		杆塔工程	
分项工程名称		自立式铁塔组立		验收部位		N1	
施工单位				项目经理			
分包单位				分包项目 负责人			
施工依据		本标段铁塔施工图		验收依据		《110kV～1000kV 架空输电线路施工及验收规范》（Q/GDW 10115—2022）	

类别	序号	检查项目	质量标准	单位	检查记录	检查结果
主控项目	1	部件规格、数量	符合设计要求，出厂合格证件齐全		部件规格、数量齐全	合格
	2	相邻节点间主材弯曲	角钢塔＜1/750，钢管塔＜1/1000		角钢塔：小于 1/800	合格
	3	大跨越工程钢管构件弯曲度	＜构件长度 1/1500，且不大于 5mm		/	/
	4	转角塔、终端塔倾斜	符合设计要求		向受力反方向预倾斜＞0	合格
	5	直线塔结构倾斜	一般塔＜3，高塔＜1.5	‰	2	合格
	6	法兰盘接触面间隙	连接紧密，最大间隙≤2	mm	/	/
一般项目	1	部件外观	无弯曲、脱锌、变形、错孔、磨损		塔材无弯曲、脱锌、变形、错孔、磨损	合格
	2	塔脚板	与基础接触良好，有空隙时垫铁块，并浇筑水泥砂浆		塔脚板与基础接触良好	合格
	3	接地孔	每腿均设置接地孔，位置能保证接地引下线连板顺利安装		接地孔位置合理	合格
	4	铁塔表面质量	符合《输电线路铁塔制造技术条件》（GB/T 2694—2018）的规定		无磕碰、锈蚀	合格
	5	休息平台	符合设计要求		符合设计要求	合格

续表

类别	序号	检查项目	质量标准	单位	检查记录	检查结果
一般项目	6	火曲构件	方向及角度符合设计要求		火曲构件安装符合设计要求	合格
	7	爬梯、防坠落装置	符合设计要求，连接顺畅		符合设计要求，连接顺畅	合格
	8	走道	符合设计要求		符合设计要求	合格
	9	爬梯	符合设计要求		符合设计要求	合格
	10	钢管塔泄水孔	位置合理，排水顺畅		位置合理，排水顺畅	合格
备注						
验收结论		验收合格。				
施工单位		班组质检员：××× 班组长：××× 项目部质检员：×××				××××年××月××日
监理单位		监理员：××× 专业监理工程师：×××				××××年××月××日

*代表：杆塔工程、01标段、自立式铁塔组立、自立式铁塔组立、第1号。

填写说明：

1. 适用范围及要求：该表适用于自立塔、钢管塔组立质量验收。

2. 检查数量：

（1）主控项目应全数检查。

（2）一般项目应全数检查。

3. 检验批划分：自立塔、钢管塔组立检验批质量验收检查数量以单基为一个检验批。

4. 其他要求：

（1）主控项目第1项，《输电线路工程地脚螺栓全过程管控办法》（国家电网基建〔2018〕387号）中对地脚螺栓相关规定：地脚螺栓螺杆、螺母、垫片（垫板）应按要求进行标记，加工尺寸满足设计要求，螺栓与螺帽标记匹配、无锈蚀、无明显外观缺陷等；产品质量证明文件和复试报告齐全；铁塔组立后，随即拧紧螺帽采取相应的防卸措施（8.8级高强度地脚螺栓不应采用螺纹打毛的防卸措施）；设计有扭矩要求时，采用定扭矩电动扳手或气动扳手进行地脚螺栓紧固，并达到设计要求的扭矩值。

（2）塔材的镀锌层厚度按下表限值进行检测：

镀件厚度（mm）	锌层厚度（μm）
＜5	65
≥5	70

表 A.2　自立式铁塔组立检验批质量验收附件表（线塔 1）

编号：04010101001

序号	附件名称	附件编号	备注
1	无	无	
2			
3			
4			
5			
6			
施工单位 检查结果	**齐全完整。** 项目部质检员：**×××**		**××××**年**××**月**××**日
监理单位 验收结论	**真实有效。** 专业监理工程师：**×××**		**××××**年**××**月**××**日

注　1. 此表附在表 A.1 后面，主要填写与表 A.1 有直接关系的，并能说明表 A.1 对应内容事实的有
　　　关技术资料名称与编号，便于检查、追索。
　　2. 本表编号与表 A.1 的编号一致。

26. 线塔2 自立式铁塔紧固件安装检验批质量验收记录及其附件表

表A.1 自立式铁塔紧固件安装检验批质量验收记录（线塔2）

编号：04010102001*

工程名称				分部工程名称	杆塔工程	
分项工程名称		自立式铁塔组立		验收部位	N1	
施工单位				项目经理		
分包单位				分包项目负责人		
施工依据		本标段铁塔施工图		验收依据	《110kV～1000kV 架空输电线路施工及验收规范》（Q/GDW 10115—2022）	
类别	序号	检查项目	质量标准	单位	检查记录	检查结果
主控项目	1	地脚螺栓	符合设计要求，螺栓与螺帽标记匹配，拧紧螺帽并做好防卸处理		地脚螺母单基存放，组塔中螺帽采取防盗措施	合格
	2	紧固件规格、数量	符合设计要求，出厂合格证件齐全		螺栓规格、数量、出厂合格证件齐全	合格
	3	螺栓紧固	紧固力矩值符合《110kV～1000kV架空输电线路施工及验收规范》（Q/GDW 10115—2022）第9.1.9规定或设计要求，螺纹不进入剪切面。紧固率：组塔后＞95、架线后＞97（其中主材连接处、导地线挂点等关键部位紧固率100）	%	组塔后：96	合格
					架线后：98	合格
	4	螺栓防卸	安装到位，高度符合设计要求，齐全无遗漏		安装到位，高度符合设计要求	合格
	5	螺栓防松	安装齐全并符合设计要求，齐全无遗漏		安装齐全，符合设计要求	合格
一般项目	1	螺栓镀锌层	直径＜20mm 时，厚度＞35	μm	37	合格
			直径≥20mm 时，厚度＞45		47	合格
	2	螺栓与构件面接触	与构件平面垂直，螺栓头与构件间的接触处无空隙		与构件平面垂直，螺栓头与构件间的接触处无空隙	合格
	3	构件交叉处空隙	装设相应厚度的垫圈或垫板，垫圈数量不超过2片		构件交叉处空隙正确加装垫圈或垫板	合格
	4	螺栓出扣、穿向	符合工艺要求、穿向一致美观		符合工艺要求、穿向一致美观	合格
	5	脚钉	安装齐全，脚蹬侧不得露丝，弯钩朝向应一致向上		安装齐全，脚蹬侧未露丝，弯钩朝向应一致向上	合格
备注						
验收结论		验收合格。				
施工单位		班组质检员：××× 班长：××× 项目部质检员：×××			××××年××月××日	
监理单位		监理员：××× 专业监理工程师：×××			××××年××月××日	

* 代表：杆塔工程、01标段、自立式铁塔组立、自立式铁塔紧固件安装、第1号。

填写说明：

1. 适用范围及要求：该表适用于自立角钢塔、钢管塔组立质量验收。

2. 检查数量。

（1）主控项目应全数检查，螺栓紧固率组塔后和架线后各测一次。

（2）一般项目应全数检查。

3. **检验批划分**：自立塔、钢管塔组立检验批质量验收检查数量以单基为一个检验批。

4. 其他要求。

（1）主控项目第 2 项，在同一连接接头中，高强度螺栓连接不应与普通螺栓连接混用。承压型高强度螺栓连接不应与焊接连接并用。高强度螺栓连接处的钢板表面处理方法及除锈等级，应符合设计要求。连接处钢板表面应平整、无焊接飞溅、无毛刺、无油污。经处理后的摩擦型高强度螺栓连接的摩擦面抗滑移系数应符合设计要求。安装高强度螺栓时，严禁强行穿入；当不能自由穿入时，该孔应用铰刀进行修整，修整后孔的最大直径不应大于 1.2 倍螺栓直径，且修孔数量不应超过该节点螺栓数量的 25%。修孔前应将四周螺栓全部拧紧，使板迭密贴后再进行铰孔。严禁气割扩孔。

（2）一般项目第 4 项，螺栓露扣情况：螺母拧紧后，单螺母不应小于两个螺距；双螺母则可与螺母相平；螺杆露扣长度最长不应超过 20mm 或 10 个螺距。

（3）螺栓的穿入方向：对立体结构：水平方向由内向外；垂直方向由下向上；斜向者宜由斜下向斜上穿，不便时应在同一斜面内取统一方向。对平面结构：顺线路方向，按线路方向穿入或按统一方向穿入；横线路方向，两侧由内向外，中间由左向右（按线路方向）或按统一方向穿入；垂直地面方向者由下向上；斜向者宜斜下向斜上穿，不便时应在同一斜面内取统一方向。

（4）每基塔螺栓紧固抽检比例不少于 25%，主材连接处、导地线挂点等关键部位螺栓全检。

（5）螺栓紧固扭矩值应符合设计要求，当设计未提出要求时按下表执行：

塔型	螺栓规格		扭矩值（N·m）
角钢塔	M12		40
	M16		80
	M20		100
	M24		250
钢管塔法兰	M16	6.8 级	80
	M20	6.8 级	160
	M24	6.8 级	280
	M24	8.8 级	380
	M27	8.8 级	450
	M30	8.8 级	600
	M33	8.8 级	700
	M36	8.8 级	880
	M39	8.8 级	1100
	M42	8.8 级	1400
	M45	8.8 级	1900
	M48	8.8 级	2100
	M52	8.8 级	2300
	M56	8.8 级	2500

表 A.2 自立式铁塔紧固件安装检验批质量验收附件表（线塔 2）

编号：04010102001

序号	附件名称	附件编号	备注
1	无	无	
2			
3			
4			
5			
6			
施工单位 检查结果	齐全完整。 项目部质检员：×××　　　　　　　　　　×××年××月××日		
监理单位 验收结论	真实有效。 专业监理工程师：×××　　　　　　　　　×××年××月××日		

注　1. 此表附在表 A.1 后面，主要填写与表 A.1 有直接关系的，并能说明表 A.1 对应内容事实的有
关技术资料名称与编号，便于检查、追索。
　　2. 本表编号与表 A.1 的编号一致。

27. 线塔3　防坠落装置安装检验批质量验收记录及其附件表

表 A.1　防坠落装置安装检验批质量验收记录（线塔3）

编号：04010103001*

工程名称			分部工程名称		杆塔工程
分项工程名称		自立式铁塔组立	验收部位		N1
施工单位			项目经理		
分包单位			分包项目负责人		
施工依据		本标段铁塔施工图	验收依据		《110kV～1000kV架空输电线路施工及验收规范》（Q/GDW 10115—2022）、《杆塔作业防坠落装置》（Q/GDW 10162—2016）

类别	序号	检查项目	质量标准	单位	检查记录	检查结果
主控项目	1	部件规格、数量	符合设计要求		符合设计	合格
	2	紧固件安装	紧固力矩值符合《110kV～1000kV架空输电线路施工及验收规范》（Q/GDW 10115—2022）第9.1.9规定或设计要求，螺纹不进入剪切面		满足规范	合格
	3	部件电气间隙	符合设计要求		符合设计	合格
	4	导轨	刚性导轨：轨长度满足设计值，单根导轨长度偏差值±1.5mm，弯曲度不得大于L/1000且应小于4mm，导轨安装必须符合《杆塔作业防坠落装置》（Q/GDW 10162—2016）第5.4.2要求		满足规范	合格
			柔性导轨：柔性导轨与杆塔应可靠连接；不锈钢钢绞线端部应固定在杆塔构件上，端头压接；钢绞线横向支点距离不宜大于5000mm，在转弯（拐点）处增设过钩器			
	5	过钩器	过钩器及附件与杆塔构件结合紧密，外表美观转动灵活。安装距离不大于5000mm，过钩器直径不应小于160mm，且带防脱线装置；过钩器及附件不能弯曲变形		转动灵活	合格

续表

类别	序号	检查项目	质量标准	单位	检查记录	检查结果
主控项目	6	转向器	转向灵活,通过导轨固定		转向灵活	合格
	7	自锁器	能顺畅通过转向器、弯轨及各种接头,不应出现卡滞和误锁止,在水平导轨上不需辅助即可实现双向自由移动。在垂直导轨上,导轨为刚性导轨时,自锁器锁止距离不应大于100mm,导轨为钢丝绳时,自锁器锁止距离不应大于200mm,导轨为纤维绳或织带时,自锁器锁止距离不应大于500mm		滑动正常,锁止距离满足要求	合格
一般项目	1	部件外观	平整、顺滑,不应有影响产品质量的明显缺陷;镀锌层表面应连续完整,不得有过酸洗、漏镀、结瘤、积锌和锐点等使用上有害的缺陷		美观无缺陷	合格
	2	导轨起始位置	钢管塔:距离自然地面(2.0±0.3)	m	/	合格
			角钢塔:距离自然地面(1.5±0.3)		1.5	
备注			L为单节导轨长度			
验收结论			验收合格。			
施工单位			班组质检员:××× 班组长:××× 项目部质检员:×××			××××年××月××日
监理单位			监理员:××× 专业监理工程师:×××			××××年××月××日

* 代表:杆塔工程、01标段、自立式铁塔组立、防坠落装置安装、第1号。

填写说明:

1. 适用范围及要求:

(1)该表适用于角钢塔、钢管塔防坠落装置质量验收。

(2)标准参照《杆塔作业防坠落装置》(Q/GDW 10162—2016)的有关规定。

(3)其他执行设计要求及《110kV～1000kV 架空输电线路工程施工质量验收规程》(Q/GDW 10121—2022)、《110kV～1000kV 架空输电线路施工及验收规范》(Q/GDW 10115—2022)。

2. 检查数量:

(1)主控项目应全数检查。

(2)一般项目应全数检查。

3. **检验批划分:**防坠落装置检验批质量验收检查数量以单基为一个检验批。

表 A.2　防坠落装置安装检验批质量验收附件表（线塔 3）

编号：04010103001

序号	附件名称	附件编号	备注
1	无	无	
2			
3			
4			
5			
6			
施工单位 检查结果	齐全完整。 项目部质检员：×××		××××年××月××日
监理单位 验收结论	真实有效。 专业监理工程师：×××		××××年××月××日

注　1. 此表附在表 A.1 后面，主要填写与表 A.1 有直接关系的，并能说明表 A.1 对应内容事实的有
　　　关技术资料名称与编号，便于检查、追索。

　　2. 本表编号与表 A.1 的编号一致。

28. 线线 1　导线、地线（OPGW）展放检验批质量验收记录及其附件表

表 A.1　导线、地线（OPGW）展放检验批质量验收记录（线线 1）

编号：05010101001*

工程名称				分部工程名称	**架线工程**	
分项工程名称		**导线、地线（OPGW）展放**		验收部位	N1～N20	
施工单位				项目经理		
分包单位				分包项目负责人		
施工依据		**本标段机电施工图**		验收依据	《110kV～1000kV 架空输电线路施工及验收规范》（Q/GDW 10115—2022）	
类别	序号	检查项目	质量标准	单位	检查记录	检查结果
主控项目	1	导线、地线及 OPGW 规格	符合设计要求		导线：JL1/G3A–1250/70、JL1/G2A，1250/100　地线：JLB20A–150，OPGW光缆：OPGW–150	合格
	2	导线、地线损伤修补及接续处理	符合《110kV～1000kV 架空输电线路施工及验收规范》（Q/GDW 10115—2022）第 10.2.11、10.2.12 条的规定		无	合格
	3	OPGW 损伤处理	符合《110kV～1000kV 架空输电线路施工及验收规范》（Q/GDW 10115—2022）第 10.6.19、10.6.20 条的规定		无	合格
一般项目	1	同一档内接续管与补修管（预绞丝）数量	符合《110kV～1000kV 架空输电线路施工及验收规范》（Q/GDW 10115—2022）第 10.3.10 条的规定		接续管位置：N5～N6　补修管位置：/	合格
	2	导线、地线（OPGW）外观质量	符合《110kV～1000kV 架空输电线路施工及验收规范》（Q/GDW 10115—2022）第 10.1.2 条的规定		导线、地线（OPGW光缆）外观良好，无明显损伤、磨损、毛刺等情况	合格
备注						
验收结论		**验收合格。**				
施工单位		班组质检员：**×××**　班组长：**×××**　项目部质检员：**×××**			**××××年××月××日**	
监理单位		监理员：**×××**　专业监理工程师：**×××**			**××××年××月××日**	

* 代表：架线工程，01 标段，导线、地线（OPGW）展放，导线、地线（OPGW）展放，第 1 号。

填写说明：

1. 适用范围及要求：该表适用于导地线展放检验批验收。

2. 检查数量：

（1）主控项目应全数检查。

（2）一般项目应全数检查。

3. 检验批划分：导地线展放检验批质量验收检查数量以一个放线段为一个检验批。

表 A.2　导线、地线（OPGW）展放检验批质量验收附件表（线线 1）

编号：05010101001

序号	附件名称	附件编号	备注
1	无	无	
2			
3			
4			
5			
6			
施工单位 检查结果	齐全完整。 项目部质检员：×××		××××年××月××日
监理单位 验收结论	真实有效。 专业监理工程师：×××		××××年××月××日

注　1. 此表附在表 A.1 后面，主要填写与表 A.1 有直接关系的，并能说明表 A.1 对应内容事实的有关技术资料名称与编号，便于检查、追索。

　　2. 本表编号与表 A.1 的编号一致。

29. 线线2 导线、地线直线线管施工检验批质量验收记录及其附件表

编号：05010201001*

表 A.1 导线、地线直线管施工检验批质量验收记录（线线2）

工程名称	架线工程	分部工程名称		导线、地线压接管施工	验收部位	N5～N6
施工单位		项目经理	分包单位		分包项目负责人	
施工依据	本标段机电施工图	验收依据		《110kV～1000kV架空输电线路施工及验收规范》（Q/GDW 10115—2022）、《大截面导线压接工艺导则》（Q/GDW10571—2018）、《架空送电工程架空线压接（800mm²以下）及地线液压压接工艺规程》DL/T 5285—2018）		
导线型号 JL1/G3A-1250/70	地线型号 LBGJ-150-20AC	压接管型号		导线：JYD-1250/70 地线：JY-150BG-20	钢印代号	01

压接管位置	相别	线别	压前铝管 外径d_2(mm) 最大	最小	需压长度	压前钢管 外径d_1(mm) 最大	最小	需压长度	压后铝管 对边距(mm) 最大	最小	压接长度(mm) 1	2	压后钢管 对边距(mm) 最大	最小	压接长度(mm)	扩径导线 填充铝股根数	填充铝股长度(mm)	外观检查❶	压接人	备注
N5～N6	左	1	80.4	80.2	820	30.1	30	150	68.8	68.7	440	440	25.9	25.8	170	/	/	弯曲度<1%,表面无毛刺、钢管防腐处理	张三	
N5～N6	左	2																		

❶ 外观检查包括压接管弯曲、表面质量等项目。

续表

压接管位置	相别	线别	压前铝管 外径 d_2 (mm) 最大	最小	需压长度	压前钢管 外径 d_1 (mm) 最大	最小	需压长度	压后铝管 对边距 (mm) 最大	最小	压接长度 (mm) 1	2	压后钢管 对边距 (mm) 最大	最小	压接长度 (mm)	扩径导线 填充铝股根数	填充铝股长度 (mm)	外观❶ 检查	压接人	钢印代号	备注
N5~N6	左	3																			
N5~N6	左	4																			
N5~N6	左	5																			
N5~N6	左	6																			

压接示意图（一）

注 1. "压接长度"和"压接管示意图（一）"中的1、2分别为两处后铝管各自的压接长度；
2. 压后推荐值：钢管为25.60~26.00mm，铝管为68.60~69.00mm。
3. 同一截面三个对边距只允许有一个达到最大值。
4. 压接长度与接管示意图中施工单位应根据实际调整接管示意图。

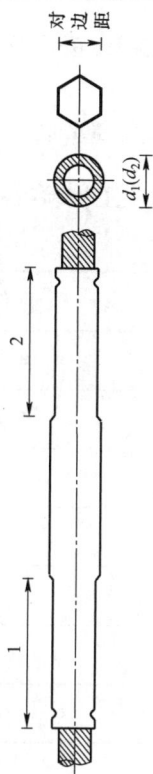

备注		
验收结论	验收合格，同意隐蔽。	
施工单位	班组质检员：××× 班组长：××× 项目部质检员：×××	××××年××月××日
监理单位	监理员：××× 专业监理工程师：×××	××××年××月××日

* 代表：架线工程，01标段，导线、地线压接管施工，导线、地线直线管施工，第1号。

❶ 外观检查包括压接管弯曲、表面质量等项目。

填写说明：

1. 适用范围及要求：该表适用于直线压接管检验批验收。

2. 检查数量应全数检查。

3. **检验批划分**：直线压接管检验批质量验收检查数量以一个档距为一个检验批。

表 A.2 导线、地线直线管施工检验批质量验收附件表（线线 2）

编号：05010201001

序号	附件名称	附件编号	备注
1	导线、地线握着力试验报告	×××××	
2			
3			
4			
5			
6			
施工单位 检查结果	齐全完整。 项目部质检员：×××		××××年××月××日
监理单位 验收结论	真实有效。 专业监理工程师：×××		××××年××月××日

注 1. 此表附在表 A.1 后面，主要填写与表 A.1 有直接关系的，并能说明表 A.1 对应内容事实的有关技术资料名称与编号，便于检查、追索。

2. 本表编号与表 A.1 的编号一致。

30. 线线 3　导线、地线耐张管施工检验批质量验收记录及其附件表

编号：05010202001*

表 A.1　导线、地线耐张管施工检验批质量验收记录（线线 3）

工程名称			分部工程名称		架线工程			分项工程名称			导线、地线压接管施工						验收部位		N10
施工单位			项目经理					分包单位										分包项目负责人		
施工依据			本标段机电架工图					验收依据			《110kV～1000kV 架空输电线路施工及验收规范》（Q/GDW 10115—2022）、《大截面导线压接工艺导则》（Q/GDW 10571—2018）、《输变电工程架空导线（800mm² 以下）及地线液压压接工艺规程》（DL/T 5285—2018）								

| 导线型号 | JL1/G3A-1250/70 | | | | 地线型号 | | LBGJ-150-20AC | | | 压接管型号 | | | | 导线：NY-1250/70
地线：NY-150BG-20 | | | | | |

施工塔号	大号侧或小号侧	相别	线别	压前铝管 外径 d_2 (mm)		需压长度	压前钢管 外径 d_1 (mm)		需压长度	压后铝管 对边距 (mm)		压接长度 (mm)		压后钢管 对边距 (mm)		压接长度 (mm)	扩径导线 填充铝股根数	填充铝股长度 (mm)	外观检查❶	压接人	钢印代号	备注
				最大	最小		最大	最小		最大	最小	1	2	最大	最小							
N10	大号侧	左极	1	80.4	80.2	530	30.2	30.1	150	68.9	68.8	440	125	25.9	25.8	170	/	/	弯曲度＜1%，表面无毛刺，钢管防腐处理	李四		01

❶ 外观检查包括压接管弯曲、表面质量等项目。

续表

施工塔号	大号侧或小号侧	相别	线别	压前铝管 外径 d_2(mm) 最大	最小	需压长度	压前钢管 外径 d_1(mm) 最大	最小	需压长度	压后铝管 对边距(mm) 最大	最小	压接长度(mm) 1	2	压后钢管 对边距(mm) 最大	最小	压接长度(mm)	扩径导线 填充铝股根数	填充铝股长度(mm)	外观检查①	压接人	钢印代号	备注
N10	大号侧	左板	2																			
N10	大号侧	左板	3																			
N10	大号侧	左板	4																			
N10	大号侧	左板	5																			
N10	大号侧	左板	6																			

注：
1. "压接长度"和"压接管示意图（二）"中的1、2分别为两处压后铝管各自的压接长度。
2. 压接推荐值：钢管为25.60~26.00mm，铝管为68.60~69.00mm。
3. 同一截面三个对边距只允许有一个达到最大值。
4. 施工单位应根据实际调整压接管示意图。

压接管示意图（二）

备注	
验收结论	**验收合格，同意隐蔽。**
施工单位	班组质检员：**×××**　班组长：**×××**　项目部质检员：**×××**
监理单位	监理员：**×××**　专业监理工程师：**×××**

××××年××月××日

××××年××月××日

* 代表：架线工程，01标段，导线、地线压接管施工，导线、地线直线管施工，第1号。

① 外观检查包括压接管弯曲、表面质量等项目。

84

填写说明：

1. 适用范围及要求：该表适用于耐张压接管检验批验收。

2. 检查数量应全数检查。

3. **检验批划分：耐张压接管检验批质量验收检查数量以一基耐张塔为一个检验批。**

表 A.2　导线、地线耐张管施工检验批质量验收附件表（线线 3）

编号：05010202001

序号	附件名称	附件编号	备注
1	**导线、地线握着力试验报告**	**××××× **	
2			
3			
4			
5			
6			
施工单位 检查结果	**齐全完整。** 项目部质检员：**×××**		**××××**年**××**月**××**日
监理单位 验收结论	**真实有效。** 专业监理工程师：**×××**		**××××**年**××**月**××**日

注　1. 此表附在表 A.1 后面，主要填写与表 A.1 有直接关系的，并能说明表 A.1 对应内容事实的有关技术资料名称与编号，便于检查、追索。

　　2. 本表编号与表 A.1 的编号一致。

31. 线线4 导线、地线（OPGW）紧线检验批质量验收记录及其附件表

表 A.1 导线、地线（OPGW）紧线检验批质量验收记录（线线4）

编号：05010301001*

工程名称				分部工程名称	架线工程	
分项工程名称		紧线		验收部位	N1~N6	
施工单位				项目经理		
分包单位				分包项目负责人		
施工依据		本标段机电施工图		验收依据	《110kV~1000kV 架空输电线路施工及验收规范》（Q/GDW 10115—2022）	
类别	序号	检查项目	质量标准	单位	检查记录	检查结果
主控项目	1	相位（极别）排列	符合设计要求		符合设计要求	合格
	2	耐张连接金具、绝缘子规格、数量	符合设计要求		符合设计要求	合格
	3	金具制孔、焊接工艺❶	符合设计要求		符合设计要求	合格
一般项目	1	导地线及OPGW 弧垂（挂线后）	220kV 及以上、±400kV 及以上且档距≤800m	±2.5	%	+2	合格
			大跨越或档距大于800m	±1（正偏差不大于1m）	%	/	/
	2	导线、地线相（极）间弧垂偏差	220kV 及以上、±400kV 及以上且档距≤800m	300	mm	200	合格
			大跨越或档距大于800m	500	mm	/	/
	3	同相（极）子导线弧垂偏差	安装间隔棒的其他形式分裂导线	330kV 及以上、±400kV 及以上电压等级	50	mm	40	合格
	4	各压接管与线夹、间隔棒间距	符合《110kV~1000kV 架空输电线路施工及验收规范》（Q/GDW 10115—2022）第10.3.10 条的规定		满足 Q/GDW 10115—2022	合格
备注						
验收结论		验收合格。				
施工单位		班组质检员：××× 班组长：××× 项目部质检员：×××			××××年××月××日	
监理单位		监理员：××× 专业监理工程师：×××			××××年××月××日	

* 代表：架线工程，01 标段，紧线，导线、地线（OPGW）紧线，第1号。

❶ 按照《国网基建部关于印发进一步加强金具、绝缘子质量管控措施的通知》（基建安质〔2023〕33 号）要求新增该项。

填写说明：

1. 适用范围及要求：该表适用于导线、地线（含 OPGW）紧线检验批验收。

2. 检查数量：

（1）主控项目应全数检查。

（2）一般项目应全数检查。

3. 检验批划分：导线、地线（含 OPGW）紧线检验批质量验收检查数量以一个耐张段为一个检验批。

表 A.2　导线、地线（OPGW）紧线检验批质量验收附件表（线线 4）

编号：05010301001

序号	附件名称	附件编号	备注
1	无	无	
2			
3			
4			
5			
6			
施工单位 检查结果	齐全完整。 项目部质检员：×××		××××年××月××日
监理单位 验收结论	真实有效。 专业监理工程师：×××		××××年××月××日

注　1. 此表附在表 A.1 后面，主要填写与表 A.1 有直接关系的，并能说明表 A.1 对应内容事实的有关技术资料名称与编号，便于检查、追索。

　　2. 本表编号与表 A.1 的编号一致。

32. 线线5 直线塔附件安装检验批质量验收记录及其附件表

表A.1 直线塔附件安装检验批质量验收记录（线线5）

编号：05010401001*

工程名称					分部工程名称	架线工程	
分项工程名称		附件安装			验收部位	N2	
施工单位					项目经理		
分包单位					分包项目负责人		
施工依据		本标段机电施工图			验收依据	《110kV～1000kV架空输电线路施工及验收规范》（Q/GDW 10115—2022）	

类别	序号	检查项目	质量标准		单位	检查记录	检查结果
主控项目	1	金具及间隔棒规格、数量	符合设计要求			符合设计要求	合格
	2	绝缘子规格、数量	符合设计要求			符合设计要求	合格
	3	开口销及弹簧销	符合设计要求，齐全并开口			齐全并开口	合格
一般项目	1	悬垂串倾斜偏差	导线、地线不大于5°，200mm（特高压工程高山大岭300mm）；OPGW悬垂串倾斜偏差不大于5°（最大偏移值100mm）			导线、地线顺线路最大偏移值150mm，OPGW光缆悬垂串倾斜最大偏移值40mm	合格
	2	绝缘地线放电间隙	±2		mm	/	/
	3	防振锤及阻尼线安装距离	±30		mm	安装距离允许偏差：+20	合格
	4	铝包带、预绞丝缠绕	符合《110kV～750kV架空输电线路施工及验收规范》（GB 50233—2014）第8.6.9条的规定			铝包带缠绕紧密，端头（15mm）回缠绕于线夹内压住	合格
	5	间隔棒安装位置（%）	端次档距	±1.5%l'		+1.2%l'	合格
			中间次档距	±3%l'		+2.5%l'	合格
	6	屏蔽环、均压环安装	符合设计要求			均压环无变形、凹凸损伤，表面光洁	合格
	7	绝缘子锁紧销子及螺栓穿入方向	符合《110kV～750kV架空输电线路施工及验收规范》（GB 50233—2014）第8.6.7条的规定			螺栓、弹簧销穿入方向与《××工程施工工艺统一规定》一致	合格
	8	OPGW预绞丝连接	符合设计要求			两端整齐	合格
备注		l'代表次档距					
验收结论		验收合格。					
施工单位		班组质检员：××× 班组长：××× 项目部质检员：×××				××××年××月××日	
监理单位		监理员：××× 专业监理工程师：×××				××××年××月××日	

* 代表：架线工程、01标段、附件安装、直线塔附件安装、第1号。

填写说明:

1. 适用范围及要求:该表适用于直线塔附件安装检验批验收。

2. 检查数量:

(1)主控项目应全数检查。

(2)一般项目应全数检查。

3. 检验批划分:直线塔附件安装检验批质量验收检查数量以一基杆塔为一个检验批。

表 A.2　直线塔附件安装检验批质量验收附件表(线线 5)

编号:05010401001

序号	附件名称	附件编号	备注
1	无	无	
2			
3			
4			
5			
6			
施工单位 检查结果	**齐全完整。** 项目部质检员:×××		××××年××月××日
监理单位 验收结论	**真实有效。** 专业监理工程师:×××		××××年××月××日

注　1. 此表附在表 A.1 后面,主要填写与表 A.1 有直接关系的,并能说明表 A.1 对应内容事实的有
　　　关技术资料名称与编号,便于检查、追索。

　　2. 本表编号与表 A.1 的编号一致。

33. 线线6 耐张塔附件安装检验批质量验收记录及其附件表

表 A.1 耐张塔附件安装检验批质量验收记录（线线6）

编号：05010402001*

工程名称				分部工程名称	架线工程
分项工程名称		附件安装		验收部位	N10
施工单位				项目经理	
分包单位				分包项目负责人	
施工依据		本标段机电施工图		验收依据	《110kV～1000kV 架空输电线路施工及验收规范》（Q/GDW 10115—2022）

类别	序号	检查项目	质量标准	单位	检查记录	检查结果
主控项目	1	金具及间隔棒规格、数量	符合设计要求		符合设计要求	合格
	2	跳线及带电导体对铁塔电气间隙	符合设计要求		符合设计要求	合格
	3	绝缘子规格、数量	符合设计要求		符合设计要求	合格
	4	跳线连板及并沟线夹连接	符合《110kV～1000kV 架空输电线路施工及验收规范》（Q/GDW 10115—2022）第 10.5.21 条的规定		铝制引流连板的连接面平整、光洁，连接面均匀涂上一层导电脂，并符合规范要求	合格
	5	开口销及弹簧销	符合设计要求，齐全并开口		齐全并开口	合格
一般项目	1	跳线制作	符合《110kV～1000kV 架空输电线路施工及验收规范》（Q/GDW 10115—2022）第 10.5.17、10.5.18、10.5.19 条的规定	m	跳线工艺美观	合格
	2	绝缘地线放电间隙安装	±2	mm	/	/
	3	防振锤及阻尼线安装	±30	mm	安装距离允许偏差：+20	合格
	4	铝包带、预绞丝缠绕	符合《110kV～750kV 架空输电线路施工及验收规范》（GB 50233—2014）第 8.6.9 条的规定		铝包带缠绕紧密，端头（15mm）回缠绕于线夹内压住	合格

续表

类别	序号	检查项目	质量标准		单位	检查记录	检查结果
一般项目	5	间隔棒安装位置	端次档距	±1.5%l′		+1.2%l′	合格
			中间次档距	±3%l′		+2.5%l′	合格
	6	屏蔽环、均压环安装	符合设计要求			均压环无变形、凹凸损伤，表面光洁	合格
	7	跳线铝管或骨架水平度	1.0		%	0.5	合格
	8	刚性跳线管材按制造长度的弯曲度	0.5		%	0.2	合格
	9	绝缘子锁紧销子及螺栓穿入方向	符合《110kV～750kV架空输电线路施工及验收规范》（GB 50233—2014）第8.6.7条的规定			螺栓、弹簧销穿入方向与《××工程施工工艺统一规定》一致	合格
	10	OPGW预绞丝连接	符合设计要求			两端整齐	合格
备注			l′代表次档距				
验收结论			验收合格。				
施工单位			班组质检员：××× 班组长：××× 项目部质检员：×××				××××年××月××日
监理单位			监理员：××× 专业监理工程师：×××				××××年××月××日

* 代表：架线工程、01标段、附件安装、耐张塔附件安装、第1号。

填写说明：

1. 适用范围及要求：该表适用于耐张塔附件安装检验批验收。

2. 检查数量：

（1）主控项目应全数检查。

（2）一般项目应全数检查。

3. 检验批划分：耐张塔附件安装检验批质量验收检查数量以一基杆塔为一个检验批。

表 A.2 耐张塔附件安装检验批质量验收附件表（线线 6）

编号：05010402001

序号	附件名称	附件编号	备注
1	无	无	
2			
3			
4			
5			
6			

施工单位 检查结果	齐全完整。 项目部质检员：×××	××××年××月××日
监理单位 验收结论	真实有效。 专业监理工程师：×××	××××年××月××日

注 1. 此表附在表 A.1 后面，主要填写与表 A.1 有直接关系的，并能说明表 A.1 对应内容事实的有关技术资料名称与编号，便于检查、追索。

2. 本表编号与表 A.1 的编号一致。

34. 线线 7 光缆接线盒安装检验批质量验收记录及其附件表

表 A.1 光缆接线盒安装检验批质量验收记录（线线 7）

编号：05010403001*

工程名称				分部工程名称	架线工程
分项工程名称			附件安装	验收部位	N10
施工单位				项目经理	
分包单位				分包项目负责人	
施工依据			本标段机电施工图	验收依据	《电力系统通信光缆安装工艺规范》（Q/GDW 10758—2018）

类别	序号	检查项目	质量标准	单位	检查记录	检查结果
主控项目	1	金具规格、数量	符合设计要求		符合设计要求	合格
	2	接头盒安装	接头盒内应无潮气并防水，安装时各紧固螺栓应拧紧，橡皮封条应安装到位		接头盒内无潮气并防水，紧固螺栓紧固到位，橡皮封条安装到位	合格
	3	OPGW 光缆接地	符合《光纤复合架空地线（OPGW）防雷接地技术导则》（DL/T 1378—2014）的规定		接地良好	合格
一般项目	1	接头盒安装	（1）OPGW 接头盒安装位置符合设计要求。（2）构架侧终端接续盒应采用绝缘夹具保证 OPGW 与构架绝缘。（3）接头盒进出线要顺畅、圆滑，弯曲半径不应小于 20 倍光缆直径		（1）OPGW 接头盒安装位置：A 腿铁塔第一层水平铁位置。（2）构架侧终端接续盒采用绝缘夹具。（3）接头盒进出线顺畅、圆滑，弯曲半径大于 20 倍光缆直径	合格
	2	OPGW 引下线	（1）引下线应从铁塔主材内侧或沿构架引下，弯曲半径不应小于 40 倍光缆直径。（2）引下线用夹具固定在主材或构架上，其间距为 1.5~2.0m。（3）引下线夹的安装，应保证引下线顺直、圆滑，不得有硬弯、折角。（4）采用绝缘夹具保证 OPGW 与构架绝缘，与构架间距不小于 50mm		（1）引下线从 A（C）腿内侧主材引下，弯曲半径大于 40 倍光缆直径。（2）引下线用夹具固定在主材上，其间距为 2.0m。（3）引下线顺直、圆滑，无硬弯、折角采用绝缘夹具	合格
	3	余缆安装	符合设计要求		余缆盘绕整齐有序，无交叉或扭曲受力，捆绑点牢固，余缆长度满足要求	合格
备注						
验收结论			验收合格。			
施工单位			班组质检员：××× 班组长：××× 项目部质检员：×××		××××年××月××日	
监理单位			监理员：××× 专业监理工程师：×××		××××年××月××日	

* 代表：架线工程、01 标段、附件安装、光缆接线盒安装、第 1 号。

填写说明：

1. 适用范围及要求：该表适用于 OPGW 光缆安装检验批验收。

2. 检查数量：

（1）主控项目应全数检查。

（2）一般项目应全数检查。

3. 检验批划分：OPGW 光缆安装检验批质量验收检查数量以一个安装位置为一个检验批。

表 A.2　光缆接线盒安装检验批质量验收附件表（线线 7）

编号：05010403001

序号	附件名称	附件编号	备注
1	无	无	
2			
3			
4			
5			
6			
施工单位检查结果	齐全完整。 项目部质检员：××		××××年××月××日
监理单位验收结论	真实有效。 专业监理工程师：××		××××年××月××日

注　1. 此表附在表 A.1 后面，主要填写与表 A.1 有直接关系的，并能说明表 A.1 对应内容事实的有关技术资料名称与编号，便于检查、追索。

　　2. 本表编号与表 A.1 的编号一致。

35. 线线 8 光缆接头衰减测试检验批质量验收记录及其附件表

表 A.1 光缆接头衰减测试检验批质量验收记录（线线 8）

编号：05010501001*

工程名称			分部工程名称		架线工程		
分项工程名称	光缆测试		验收部位		N10		
施工单位			项目经理				
分包单位			分包项目负责人				
施工依据	本标段机电施工图		验收依据		《电力系统通信光缆安装工艺规范》（Q/GDW 10758—2018）		
生产厂家		光缆盘号		接头桩号		测试波长	μm
纤芯序号	纤芯色别	熔接衰耗（dB）		纤芯序号	纤芯色别	熔接衰耗（dB）	
		允许值	实测值			允许值	实测值
1				21			
2				22			
3				23			
4				24			
5				25			
6				26			
7				27			
8				28			
9				29			
10				30			
11				31			
12				32			
13				33			
14				34			
15				35			
16				36			
17				37			
18				38			
19				39			
20				40			
备注							
验收结论	验收合格。						
施工单位	班组质检员：××× 班组长：××× 项目部质检员：×××					××××年××月××日	
监理单位	监理员：××× 专业监理工程师：×××					××××年××月××日	

* 代表：架线工程、01 标段、光缆测试、光缆接头衰减测试、第 1 号。

填写说明：

1. 适用范围及要求：本表适用于线路光缆（含 OPGW、ADSS）接头衰耗测试施工质量验收。

2. 检验批划分：光缆接头衰耗测试检验批质量验收检查数量以单个接头盒为一个检验批。

表 A.2　光缆接头衰减测试检验批质量验收附件表（线线 8）

编号：05010501001

序号	附件名称	附件编号	备注
1	熔接衰减测试报告	×××××	
2	光缆现场开盘测试记录（线记 15）	×××××	
3			
4			
5			
6			
施工单位 检查结果	齐全完整。 项目部质检员：×××		××××年××月××日
监理单位 验收结论	真实有效。 专业监理工程师：×××		××××年××月××日

注　1. 此表附在表 A.1 后面，主要填写与表 A.1 有直接关系的，并能说明表 A.1 对应内容事实的有关技术资料名称与编号，便于检查、追索。

　　2. 本表编号与表 A.1 的编号一致。

36. 线线 9 光缆纤芯衰耗测试检验批质量验收记录及其附件表

表 A.1 光缆纤芯衰耗测试检验批质量验收记录（线线 9）

编号：05010502001*

工程名称			分部工程 名称	架线工程	
分项工程 名称	光缆测试		验收部位	N1～N102	
施工单位			项目经理		
分包单位			分包项目 负责人		
施工依据	本标段机电施工图		验收依据	《电力系统通信光缆安装工艺规范》 （Q/GDW 10758—2018）	
方向	1～200 号	测试线路长度 （km）	90	测试波长	μm
纤芯序号	纤芯色别	纤芯衰减 （dB/km）	纤芯序号	纤芯色别	纤芯衰减 （dB/km）
1			21		
2			22		
3			23		
4			24		
5			25		
6			26		
7			27		
8			28		
9			29		
10			30		
11			31		
12			32		
13			33		
14			34		
15			35		
16			36		
17			37		
18			38		
19			39		
20			40		
备注					
验收结论	验收合格。				
施工单位	班组质检员：××× 班组长：××× 项目部质检员：×××				××××年××月××日
监理单位	监理员：××× 专业监理工程师：×××				××××年××月××日

* 代表：架线工程、01 标段、光缆测试、光缆纤芯衰耗测试、第 1 号。

填写说明：

1. 适用范围及要求：本表适用于线路光缆（含 OPGW、ADSS）纤芯衰耗测试施工质量验收。

2. 检验批划分：光缆纤芯衰耗测试检验批质量验收检查数量以单个测试段为一个检验批。

表 A.2　光缆纤芯衰耗测试检验批质量验收附件表（线线 9）

编号：05010502001

序号	附件名称	附件编号	备注
1	纤芯衰减测试报告	××××	
2			
3			
4			
5			
6			
施工单位检查结果	齐全完整。 项目部质检员：×××		××××年××月××日
监理单位验收结论	真实有效。 专业监理工程师：×××		××××年××月××日

注　1. 此表附在表 A.1 后面，主要填写与表 A.1 有直接关系的，并能说明表 A.1 对应内容事实的有关技术资料名称与编号，便于检查、追索。

2. 本表编号与表 A.1 的编号一致。

37. 线线 10　交叉跨越检验批质量验收记录及其附件表

表 A.1　交叉跨越检验批质量验收记录（线线 10）

编号：05010601001*

工程名称			分部工程名称		**架线工程**				
分项工程名称		**交叉跨越**	验收部位		**N1～N2**				
施工单位			项目经理						
分包单位			分包项目负责人						
施工依据		**本标段塔位明细表、断面图**	验收依据		**《110kV～1000kV 架空输电线路施工及验收规范》（Q/GDW 10115—2022）**				

类别	序号	检查（检验）项目		质量标准				单位	检查记录	检查结果
				1000kV		±800kV				
主控项目	1	导线对地面最小距离（如需要）❶	居民区	单回路	同塔双回路	21.0（水平 V 串）	21.5（水平 I 串）	m	/	合格
				27.0	25.0					
			非居民区	22.0（农耕）19.0（非农耕）	21.0（农耕）18.0（非农耕）	18.0（农耕）16.0（非农耕）	18.5（农耕）17.0（非农耕）	m	/	合格
			交通困难地区	15.0		15.5		m	/	合格
	2	导线与建筑物间距离（非拆迁）❶	最小垂直距离	15.5		16.0		m	/	合格
			考虑风偏时边导线与建筑物间最小净空距离	15.0		15.5		m	/	合格
			无风情况下边导线与建筑物间最小水平距离	7.0		7.0		m	/	合格
	3	导线与树木间距离（如需要）❶	考虑自然生长高度最小垂直距离	14.0（单回路），13.0（同塔双回路）		13.5		m	/	合格
			最大风偏时与最小净空距离	10.0		10.5		m	/	合格
			与果树、经济作物、城市绿化灌木及街道行道树间最小垂直距离	16.0（单回路），15.0（同塔双回路）		15.0		m	/	合格

---

❶ 视现场实际情况选择填写。

续表

类别	序号	检查（检验）项目			质量标准		单位	检查记录	检查结果
					1000kV	±800kV			
主控项目	4	导线与山坡、峭壁、岩石间距离（如需要）❶	步行可以到达的山坡		13.0	13.0	m	/	合格
			步行不能到达的山坡、峭壁和岩石		11.0	11.0	m	/	合格
	5	导线与铁路间距离	最小垂直距离	至轨顶 标准轨		21.5	m		合格
				至轨顶 窄轨	27.0（单回路），25.0（同塔双回路）	21.5	m		合格
				至轨顶 电气轨		21.5	m		合格
			至承力索（或接触线）		10.0（16.0）（单回路），10.0（14.0）	15	m		合格
			最小水平距离（杆塔外缘至轨道中心）		交叉：塔高加3.1，不应小于40平行：塔高加3.1，困难时双方协商处理	交叉：塔高加3.1，不应小于40；平行：塔高加3.1	m	/	合格
	6	导线与公路间距离	距路面最小垂直距离		27.0（单回路），25.0（同塔双回路）	21.5	m	30	合格
			最小水平距离（杆塔外缘至路基边缘）	开阔地区	交叉：15.0或按协议取值；平行：最高塔高	交叉：15.0或按协议取值；平行：最高塔高	m	100	合格
				路径受限地区	15.0或按协议取值	12.0或按协议取值	m	/	合格
	7	导线与河流间距离	最小垂直距离	至5年一遇洪水位	14.0（单回路），13.0（同塔双回路）	15.0	m	/	合格
				至最高航行水位的最高桅杆顶	10.0	10.5	m	/	合格
				至百年一遇洪水位	10.0	12.5	m	/	合格
				冬季至冰面	22.0（单回路），21.0（同塔双回路）	18.5	m	/	合格
			最小水平距离		最高杆（塔）高，1000kV河堤保护范围之外或按协议取值		m		合格

❶ 视现场实际情况选择填写。

续表

类别	序号	检查（检验）项目			质量标准		单位	检查记录	检查结果
					1000kV	±800kV			
主控项目	8	导线与弱电线路间距离	最小垂直距离		18.0（单回路），16.0（同塔双回路）	17.0	m	/	合格
			最小水平距离（边导线间）	开阔地区	13.0	交叉：铁塔外缘至弱电线15.0；平行：最高塔高	m	/	合格
				路径受限地区	12.0	13.0	m	/	合格
	9	导线与电力线路间距离	最小垂直距离		10.0（跨越杆、塔顶时16.0）	10.5（跨越杆、塔顶时15.0）	m	/	合格
			最小水平距离（边导线间）	开阔地区	杆塔同步排列取20.0，杆塔交错排列导线最大风偏时取13.0	交叉：铁塔外缘至电力线15.0；平行：最高塔高	m	/	合格
				路径受限地区		边导线间20.0，最大风偏至邻塔13.0	m	/	合格
	10	导线与特殊管道间距离	最小垂直距离		18.0（单回路），16.0（同塔双回路）	17.0	m	/	合格
			最小水平距离（边导线与管道任何部分）	开阔地区	平行时最高杆（塔）高	交叉：最高塔高；平行：天然气、石油（非埋地管道）时最高塔高加3.0	m	/	合格
				路径受限地区	13.0	风偏时15.0	m	/	合格
备注									
验收结论		**验收合格。**							
施工单位		班组质检员：××× 班组长：××× 项目部质检员：×××					××××年××月××日		
监理单位		监理员：××× 专业监理工程师：×××					××××年××月××日		

* 代表：架线工程、01标段、交叉跨越、交叉跨越、第1号。

填写说明：

1 检查项目及数量应符合交叉跨越检查应逐处检查，均为主控项。

2 检验批划分：交叉跨越质量验收检查数量以单个跨越点为一个检验批。

表 A.2 交叉跨越检验批质量验收附件表（线线 10）

编号：05010601001

序号	附件名称	附件编号	备注
1	风偏及对地开方距离记录（线记 13）	×××××	
2	交叉跨越记录（线记 14）	×××××	
3			
4			
5			
6			
施工单位 检查结果	齐全完整。 项目部质检员：×××　　　　　　　　　　　　　××××年××月××日		
监理单位 验收结论	真实有效。 专业监理工程师：×××　　　　　　　　　　　××××年××月××日		

注 1. 此表附在表 A.1 后面，主要填与表 A.1 有直接关系的，并能说明表 A.1 对应内容事实的有关技术资料名称与编号，便于检查、追索。

2. 本表编号与表 A.1 的编号一致。

38. 线防 1　石砌体护坡、挡墙、防洪堤砌筑检验批质量验收记录及其附件表

表 A.1　石砌体护坡、挡墙、防洪堤砌筑检验批质量验收记录（线防 1）

编号：06010104001*

工程名称			分部工程名称	*线路防护设施*	
分项工程名称	*石砌体护坡、挡墙、防洪堤*		验收部位	N1	
施工单位			项目经理		
分包单位			分包项目负责人		
施工依据	*本标段基础施工图*		验收依据	《110kV～1000kV *架空输电线路施工及验收规范*》（Q/GDW 10115—2022）	

类别	序号	检查项目	质量标准	单位	检查记录	检查结果
主控项目	1	垫层原材料及配合比	符合设计要求和现行有关标准的规定		*试块强度报告：＿＿＿* *配合比报告：＿＿＿*	合格
	2	块石	块石的规格、强度应符合设计要求		*符合设计图纸要求*	合格
	3	基础护坡、挡土墙、防洪堤地基	砌制在稳固的地基上，埋深符合设计要求		*符合设计图纸要求*	合格
	4	基础护坡、挡土墙、防洪堤砌制尺寸及工艺	尺寸符合设计要求，上下层砌石错层砌制，外露面平整美观		*符合设计图纸要求*	合格
	5	（道路测）护桩、基础护桩	符合设计要求		*符合设计图纸要求*	合格
一般项目	1	泄水孔、疏水层	符合设计及规范要求		*符合设计图纸要求*	合格
	2	伸缩缝	符合设计及规范要求		*符合设计图纸要求*	合格
备注						
验收结论	*验收合格。*					
施工单位	班组质检员：××× 班组长：××× 项目部质检员：×××				××××年××月××日	
监理单位	监理员：××× 专业监理工程师：×××				××××年××月××日	

* 代表：线路防护设施工程，01 标段，石砌体护坡、挡墙、防洪堤，石砌体护坡、挡墙、防洪堤砌筑，第 1 号。

填写说明：

1. 适用范围及要求：本表适用于石砌体护坡、挡墙砌筑、防洪堤的质量验收，包括垫层及本体砌制的质量验收，完成当日填写本表。质量验收以施工图、《国家电网有限公司输变电工程标准工艺》要求为依据进行检查。

2. 预拌混凝土应符合现行《预拌混凝土》（GB/T 14902—2012）的有关规定；泵送混凝土应符合现行《混凝土泵送施工技术规程》（JGJ/T 10—2011）的有关规定。

（1）配合比应按现行《普通混凝土配合比设计规程》（JGJ 55—2011）的有关规定执行。

（2）其他执行设计要求及施工验收规范。

3. 检查数量：

（1）石砌体护坡、挡墙砌筑、防洪堤验收阶段应检查垫层原材料、试块强度、配合比等报告，记录试验报告编号。

（2）块石的直径、厚度按照现场抽样测量，测量数据不小于 10 个，记录其中最小的数据。

（3）护坡、挡墙砌筑、防洪堤的尺寸、埋深检查测量，检查是按照设计图纸进行校核，记录"符合设计图纸要求"，如有尺寸超差则应记录超差腿别、具体超差尺寸等。

（4）护坡、挡墙砌筑、防洪堤的泄水孔、疏水层、伸缩缝的数量及施工工艺，检查按照设计图纸进行校核，记录"符合设计图纸要求"，如有偏差记录偏差量。

4. 检验批划分：该检验批按每个砌制点作为一个检验批。

表 A.2　石砌体护坡、挡墙、防洪堤砌筑检验批质量验收附件表（线防 1）

编号：06010104001

序号	附件名称	附件编号	备注
1	试块强度报告	×××××	
2	配合比报告	×××××	
3			
4			
5			
6			
施工单位 检查结果	齐全完整。 项目部质检员：×××		××××年××月××日
监理单位 验收结论	真实有效。 专业监理工程师：×××		××××年××月××日

注　1. 此表附在表 A.1 后面，主要填写与表 A.1 有直接关系的，并能说明表 A.1 对应内容事实的有关技术资料名称与编号，便于检查、追索。

2. 本表编号与表 A.1 的编号一致。

39. 线防 2　排水沟施工检验批质量验收记录及其附件表

表 A.1　排水沟施工检验批质量验收记录（线防 2）

编号：06010201001*

工程名称				分部工程名称			**线路防护设施**
分项工程名称		**排水沟**		验收部位			N1
施工单位				项目经理			
分包单位				分包项目负责人			
施工依据		**本标段基础施工图**		验收依据			《110kV～1000kV 架空输电线路施工及验收规范》（Q/GDW 10115—2022）

类别	序号	检查项目	质量标准	单位	检查记录	检查结果
主控项目	1	原材料及配合比	符合设计要求和有关标准规定		试块强度报告：＿＿＿＿＿ 配合比报告：＿＿＿＿＿	合格
	2	砌块	块石规格、强度应符合设计要求		最小厚度300mm	合格
	3	铺砌厚度	符合设计要求		符合设计要求	合格
一般项目	1	断面尺寸	符合设计要求		符合设计要求	合格
	2	排水沟布置及外观	排水沟应保证内壁平整，迎水侧沟沿略低于原状土并结合紧密，坡度保证排水顺畅，外观牢固、美观		排水沟内壁平整，迎水侧沟沿略低于原状土并结合紧密，坡度保证排水顺畅，外观牢固、美观	合格

备注		
验收结论	**验收合格。**	
施工单位	班组质检员：××× 班组长：××× 项目部质检员：×××	××××年××月××日
监理单位	监理员：××× 专业监理工程师：×××	××××年××月××日

* 代表：线路防护设施工程、01 标段、排水沟、排水沟施工、第 1 号。

填写说明：

1. 适用范围及要求：本表适用于排水沟完成后的质量验收，完成当日填写本表。质量验收以施工图、《国家电网有限公司输变电工程标准工艺》要求为依据进行检查，包括原材料、尺寸、布置方式等。

2. 检查数量：排水沟应进行全部检查，其中：

（1）混凝土排水沟验收阶段应检查试块强度、配合比等报告，记录试验报告编号。

（2）断面尺寸应测量 10 个点，记录偏差最大的 4 个点，并将实测结果记入自检记录中，记录方式为：顶宽×深度。

（3）铺砌厚度应测量 10 个点，记录偏差最大的 4 个点，并将实测结果记入自检记录中。

3. 检验批划分：以单基铁塔的排水沟为一个检验批。

4. 其他要求：排水沟布置应以目视进行外观检查，记录"符合设计要求"。

<h3 style="text-align:center">表 A.2　排水沟施工检验批质量验收附件表（线防 2）</h3>

编号：06010201001

序号	附件名称	附件编号	备注
1	试块强度报告	×××××	
2	配合比报告	×××××	
3			
4			
5			
6			
施工单位 检查结果	齐全完整。 项目部质检员：×××		××××年××月××日
监理单位 验收结论	真实有效。 专业监理工程师：×××		××××年××月××日

注　1. 此表附在表 A.1 后面，主要填写与表 A.1 有直接关系的，并能说明表 A.1 对应内容事实的有关技术资料名称与编号，便于检查、追索。

　　2. 本表编号与表 A.1 的编号一致。

40. 线防3 线路警示防护设施检验批质量验收记录及其附件表

表 A.1 线路警示防护设施检验批质量验收记录（线防3）

编号：06010301001*

工程名称				分部工程名称	线路防护设施	
分项工程名称	线路防护设施			验收部位	N1	
施工单位				项目经理		
分包单位				分包项目负责人		
施工依据	本标段电气施工图			验收依据	《110kV～1000kV架空输电线路施工及验收规范》（Q/GDW 10115—2022）	

类别	序号	检查项目	质量标准	单位	检查记录	检查结果
主控项目	1	杆号牌安装	样式与规格符合国家电网有限公司相关规定，安装在线路小号侧醒目位置，采用螺栓固定，安装牢固可靠，同一工程安装位置、安装高度统一，安装时尽量离开脚钉或爬梯		符合标准工艺要求	合格
	2	警告牌安装	样式与规格符合运行单位要求，采用螺栓固定，安装牢固可靠，同一工程警告牌距离地面高度应统一		符合标准工艺要求	合格
	3	相位牌、色标牌安装	样式与规格符合运行单位要求，安装在导线挂点附近醒目位置，采用螺栓固定，安装牢固可靠		符合标准工艺要求	合格
	4	高塔航空标识安装	航空警示球符合相关要求，安装牢固可靠，喷涂警航漆的遍数、范围符合设计要求		符合标准工艺要求	合格
	5	沉降观测标志	符合设计要求		符合设计要求	合格
	6	在线监测设施、微气象监测设施安装	符合设计要求		符合设计要求	合格
	7	拦江线、公路限高标志、拉线基础护桩	符合设计要求		符合设计要求	合格
	8	余土、弃渣、泥浆清运、恢复植被、水土保持、恢复道路	符合设计要求及《架空输电线路工程水土保持设施质量检验及评定规程》（Q/GDW 11971—2019）的规定		符合设计要求	合格
备注						
验收结论	验收合格。					
施工单位	班组质检员：××× 班组长：××× 项目部质检员：×××					××××年××月××日
监理单位	监理员：××× 专业监理工程师：×××					××××年××月××日

* 代表：线路防护设施工程、01标段、线路警示防护设施、线路警示防护设施、第1号。

填写说明：

1. 适用范围及要求：本表适用于铁塔线防设施安全完成后的质量验收，完成当日填写本表。质量验收以施工图、《国家电网有限公司输变电工程标准工艺》要求为依据进行检查。

2. 检查数量：线路防护设施应进行全部检查，其中：

（1）杆号牌、警告牌、相位牌、色标牌、航空标志等，记录"符合标准工艺要求"。

（2）在线监测设施、微气象监测设施、拦江线、公路限高标志、拉线（道路侧）护桩、基础护桩等，记录"符合设计及运行要求"。

3. 检验批划分：以单基铁塔的线防设施为一个检验批。

表 A.2　线路警示防护设施检验批质量验收附件表（线防3）

编号：06010301001

序号	附件名称	附件编号	备注
1	无	无	
2			
3			
4			
5			
6			

施工单位检查结果	齐全完整。 项目部质检员：×× ×	××××年××月××日
监理单位验收结论	真实有效。 专业监理工程师：×× ×	××××年××月××日

注　1. 此表附在表 A.1 后面，主要填写与表 A.1 有直接关系的，并能说明表 A.1 对应内容事实的有关技术资料名称与编号，便于检查、追索。

　　2. 本表编号与表 A.1 的编号一致。

41. 线防 4　保护帽混凝土外观及尺寸偏差检验批质量验收记录及其附件表

表 A.1　保护帽混凝土外观及尺寸偏差检验批质量验收记录（线防 4）

编号：06010401001*

工程名称				分部工程名称		线路防护设施	
分项工程名称		保护帽		验收部位		N1～N20	
施工单位				项目经理			
分包单位				分包项目负责人			
施工依据		本标段基础施工图		验收依据		《110kV～1000kV 架空输电线路施工及验收规范》（Q/GDW 10115—2022）	

类别	序号	检查项目	质量标准	单位	检查记录	检查结果
主控项目	1	原材料及配合比	符合设计要求和有关标准规定		试块强度报告：_____ 配合比报告：_____	合格
一般项目	1	外观	保护帽浇筑一次成型，无二次抹面。顶面适当放坡，混凝土初凝前压实收光，确保平整光洁，不积水，棱角清晰		符合设计及标准工艺要求	合格
	2	防水	保护帽与塔脚结合紧密，不应有缝隙；主材与靴板间的缝隙采取防水措施		符合设计及标准工艺要求	合格
	3	尺寸	符合设计要求。保护帽宽度距离塔腿板每侧≥50mm，高度应以超过地脚螺栓 50～100mm 为宜，并不小于300mm		符合设计及标准工艺要求	合格

备注		
验收结论	验收合格。	
施工单位	班组质检员：××× 班组长：××× 项目部质检员：×××	××××年××月××日
监理单位	监理员：××× 专业监理工程师：×××	××××年××月××日

* 代表：线路防护设施工程、01 标段、保护帽、保护帽混凝土外观及尺寸偏差、第 1 号。

填写说明：

1. 适用范围及要求：本表适用于混凝土保护帽完成后的质量验收，一般验收时间在施工完成 7～15 天后完成（视天气情况），完成当日填写本表。质量验收以施工图、《国家电网有限公司输变电工程标准工艺》要求为依据进行外观检查，包括保护帽外观和尺寸等。

2. 检查数量：

（1）保护帽的外观检查保护帽浇筑的外观、顶面等，检查放坡、收光、平整光洁度、是否存在积水点，棱角等，记录"符合设计及标准工艺要求"。

（2）保护帽的防水检查，主要检查主材与靴板间的缝隙采取防水措施，与塔脚结合严密性，是否存在裂缝，记录"符合设计及标准工艺要求"。

（3）保护帽尺寸应区分腿别各自检查，检查时宜按设计图换算被查保护帽的边长、高度、距离基础边距离，记录"符合设计及标准工艺要求"，如有尺寸超差则应记录超差腿别、具体超差尺寸等。

3. 检验批划分：以单日同一工班制作的所有保护帽为一个检验批。

4. 其他要求：保护帽外观应以目视进行外观检查，记录"符合设计要求"。

表 A.2　保护帽混凝土外观及尺寸偏差检验批质量验收附件表（线防 4）

编号：06010401001

序号	附件名称	附件编号	备注
1	无	无	
2			
3			
4			
5			
6			

施工单位检查结果	**齐全完整。** 项目部质检员：×××　　　　　　　　　　　　　　×××× 年 ×× 月 ×× 日
监理单位验收结论	**真实有效。** 专业监理工程师：×××　　　　　　　　　　　　×××× 年 ×× 月 ×× 日

注　1. 此表附在表 A.1 后面，主要填写与表 A.1 有直接关系的，并能说明表 A.1 对应内容事实的有关技术资料名称与编号，便于检查、追索。

　　2. 本表编号与表 A.1 的编号一致。

第二节　分项工程质量验收记录

特高压线路工程分项工程质量验收记录经梳理共计 **27** 个，其中土石方 **6** 个、基础 **8** 个、接地 **2** 个、杆塔 **1** 个、架线 **6** 个、线路防护 **4** 个。具体清单见表3。

表3　分项工程质量验收记录清单

序号	分部工程	分项工程质量验收记录名称	备注
1	土石方	线路复测分项工程质量验收记录	
		普通基础分坑及开挖分项工程质量验收记录	
		原状土基础分坑及开挖分项工程质量验收记录	
		桩基础分坑及开挖分项工程质量验收记录	
		电气开方分项工程质量验收记录	
		土石方回填分项工程质量验收记录	
2	基础	基础地基处理分项工程质量验收记录	
		开挖式基础施工分项工程质量验收记录	
		灌注桩基础施工分项工程质量验收记录	
		原状土基础施工分项工程质量验收记录	
		贯入桩基础施工分项工程质量验收记录	
		锚杆基础施工分项工程质量验收记录	
		基础防腐施工分项工程质量验收记录	
		螺旋锚基础施工分项工程质量验收记录	
3	接地	接地开挖分项工程质量验收记录	
		接地体安装、回填、电阻测试分项工程质量验收记录	
4	杆塔	自立式铁塔组立分项工程质量验收记录	
5	架线	导线、地线（OPGW）展放分项工程质量验收记录	
		导线、地线压接管施工分项工程质量验收记录	
		紧线分项工程质量验收记录	
		附件安装分项工程质量验收记录	
		光缆测试分项工程质量验收记录	
		交叉跨越分项工程质量验收记录	
6	线防	石砌体、挡墙、防洪堤分项工程质量验收记录	
		排水沟分项工程质量验收记录	
		线路警示防护设施分项工程质量验收记录	
		保护帽分项工程质量验收记录	

1. 线路复测分项工程质量验收记录

表 A.3　线路复测分项工程质量验收记录

编号：010101*

工程名称			分部工程名称		**土石方工程**
检验批数量		1	施工单位		
项目经理			项目总工		
序号	检验批名称		施工单位检查结果		验收结论
1	**路径复测**		**检查合格**		**验收合格**
2					
3					

说明：填写本次验收的分项工程所包括的检验批的全部桩号、技术资料核查情况。		
施工单位 检查结果	项目质检员：××× 项目总工：×××	××××年××月××日
监理单位 验收结论	专业监理工程师：×××	××××年××月××日

* 代表：土石方工程，路径复测。

填写说明：

1. 本表用于分项工程质量验收，分项工程的划分应符合"质量验收范围划分表"的规定。**对本类分项工程所包含的全部桩号检验批质量验收情况进行验收。**

2. 编号由 6 位数字组成，自左向右分别为分部工程序号、分项工程序号和两位流水号组成。

3. "说明"栏应填写本次验收的分项工程所包括的检验批的全部桩号、技术资料核查情况。

4. "施工单位检查结果"由项目总工组织验收时手工填写，"验收结论"由专业监理工程师组织验收时手工填写。

5. "施工单位检查结果"填写"检查合格"或"检查不合格"；检查不合格的分项工程，由施工部组织整改或返工处理。

6. "验收结论"填写"验收合格"或"验收不合格"；验收不合格的检验批，监理项目部应签发检查问题通知单。

　　注　本节其他表 **A.3** 的填写说明参照以上要求。

2. 普通基础分坑及开挖分项工程质量验收记录

表 A.3 普通基础分坑及开挖分项工程质量验收记录

编号：010201*

工程名称			分部工程名称	土石方工程
检验批数量	1		施工单位	
项目经理			项目总工	
序号	检验批名称		施工单位检查结果	验收结论
1	普通基础分坑及开挖		检查合格	验收合格
2				
3				
说明：填写本次验收的分项工程所包括的检验批的全部桩号、技术资料核查情况。				
施工单位 检查结果	项目质检员：××× 项目总工：×××			××××年××月××日
监理单位 验收结论	专业监理工程师：×××			××××年××月××日

* 代表：土石方工程，普通基础分坑及开挖。

3. 原状土基础分坑及开挖分项工程质量验收记录

表 A.3 原状土基础分坑及开挖分项工程质量验收记录

编号：010401*

工程名称		分部工程名称	**土石方工程**
检验批数量	1	施工单位	
项目经理		项目总工	
序号	检验批名称	施工单位检查结果	验收结论
1	**原状土基础分坑及开挖**	**检查合格**	**验收合格**
2			
3			
说明：1. 填写本次验收的分项工程所包括的检验批的全部桩号、技术资料核查情况。 　　　2. 技术资料包含"隐蔽工程（基坑验槽）签证记录"。			
施工单位 检查结果	项目质检员：××× 项目总工：×××		××××年××月××日
监理单位 验收结论	专业监理工程师：×××		××××年××月××日

* 代表：土石方工程，原状土基础分坑及开挖。

4. 桩基础分坑及开挖分项工程质量验收记录

表 A.3　桩基础分坑及开挖分项工程质量验收记录

编号：010501*

工程名称		分部工程名称	土石方工程
检验批数量	1	施工单位	
项目经理		项目总工	
序号	检验批名称	施工单位检查结果	验收结论
1	桩基础分坑及开挖	检查合格	验收合格
2			
3			
	说明：填写本次验收的分项工程所包括的检验批的全部桩号、技术资料核查情况。		
施工单位 检查结果	项目质检员：××× 项目总工：×××		××××年××月××日
监理单位 验收结论	专业监理工程师：×××		××××年××月××日

* 代表：土石方工程，桩基础分坑及开挖。

5. 电气开方分项工程质量验收记录

表 A.3 电气开方分项工程质量验收记录

编号：010601*

工程名称			分部工程名称	**土石方工程**
检验批数量		1	施工单位	
项目经理			项目总工	
序号	检验批名称		施工单位检查结果	验收结论
1	**施工基面、电气开方**		**检查合格**	**验收合格**
2				
3				

说明：填写本次验收的分项工程所包括的检验批的全部桩号、技术资料核查情况。		
施工单位 检查结果	项目质检员：××× 项目总工：×××	××××年××月××日
监理单位 验收结论	专业监理工程师：×××	××××年××月××日

* 代表：土石方工程，电气开方。

6. 土石方回填分项工程质量验收记录

表 A.3 土石方回填分项工程质量验收记录

编号：010701*

工程名称			分部工程名称	土石方工程
检验批数量		1	施工单位	
项目经理			项目总工	

序号	检验批名称	施工单位检查结果	验收结论
1	土石方回填	检查合格	验收合格
2			
3			

说明：填写本次验收的分项工程所包括的检验批的全部桩号、技术资料核查情况。		
施工单位 检查结果	项目质检员：××× 项目总工：×××	××××年××月××日
监理单位 验收结论	专业监理工程师：×××	××××年××月××日

* 代表：土石方工程，土石方回填。

7. 基础地基处理分项工程质量验收记录

表 A.3 基础地基处理分项工程质量验收记录

编号：020101*

工程名称		分部工程名称	**基础工程**
检验批数量	4	施工单位	
项目经理		项目总工	

序号	检验批名称	施工单位检查结果	验收结论
1	湿陷性黄土基础地基	检查合格	验收合格
2	碎石桩复合地基	检查合格	验收合格
3	注浆地基	检查合格	验收合格
4	冻土地基	检查合格	验收合格

说明：填写本次验收的分项工程所包括的检验批的全部桩号、技术资料核查情况。			
施工单位 检查结果	项目质检员：××× 项目总工：×××		××××年××月××日
监理单位 验收结论	专业监理工程师：×××		××××年××月××日

* 代表：基础工程，基础地基处理。

8. 开挖式基础施工分项工程质量验收记录

表 A.3　开挖式基础施工分项工程质量验收记录

编号：020201*

工程名称		分部工程名称	基础工程
检验批数量	3	施工单位	
项目经理		项目总工	

序号	检验批名称	施工单位检查结果	验收结论
1	现浇混凝土模板及钢筋	检查合格	验收合格
2	现浇混凝土施工	检查合格	验收合格
3	现浇混凝土结构外观及尺寸偏差	检查合格	验收合格

说明：1. 填写本次验收的分项工程所包括的检验批的全部桩号、技术资料核查情况。
　　　2. 技术资料包含隐蔽工程（基础支模）签证记录、隐蔽工程（直螺纹连接）签证记录、隐蔽工程（基础浇筑）签证记录、隐蔽工程（基础拆模、回填）签证记录、隐蔽工程（基础防腐处理）签证记录。

施工单位 检查结果	项目质检员：××× 项目总工：×××	××××年××月××日
监理单位 验收结论	专业监理工程师：×××	××××年××月××日

* 代表：基础工程，开挖式基础施工，第 1 次验收。

9. 灌注桩基础施工分项工程质量验收记录

表 A.3 灌注桩基础施工分项工程质量验收记录

编号：020301*

工程名称		分部工程名称	基础工程
检验批数量	7	施工单位	
项目经理		项目总工	

序号	检验批名称	施工单位检查结果	验收结论
1	灌注桩成孔	检查合格	验收合格
2	灌注桩钢筋笼	检查合格	验收合格
3	灌注桩混凝土施工	检查合格	验收合格
4	灌注桩成桩	检查合格	验收合格
5	承台（连梁）现浇混凝土模板及钢筋	检查合格	验收合格
6	承台（连梁）现浇混凝土施工	检查合格	验收合格
7	承台（连梁）现浇混凝土结构外观及尺寸偏差	检查合格	验收合格

说明：1. 填写本次验收的分项工程所包括的检验批的全部桩号、技术资料核查情况。

2. 技术资料包含隐蔽工程灌注桩签证记录、隐蔽工程灌注桩基础承台（连梁）签证记录、隐蔽工程（直螺纹连接）签证记录。

施工单位 检查结果	项目质检员：××× 项目总工：×××	××××年××月××日
监理单位 验收结论	专业监理工程师：×××	××××年××月××日

* 代表：基础工程，灌注桩基础施工。

10. 原状土基础施工分项工程质量验收记录

表 A.3 原状土基础施工分项工程质量验收记录

编号：020401*

工程名称		分部工程名称	基础工程
检验批数量	3	施工单位	
项目经理		项目总工	

序号	检验批名称	施工单位检查结果	验收结论
1	现浇混凝土模板及钢筋	检查合格	验收合格
2	现浇混凝土施工	检查合格	验收合格
3	现浇混凝土结构外观及尺寸偏差	检查合格	验收合格

说明：1. 填写本次验收的分项工程所包括的检验批的全部桩号、技术资料核查情况。

2. 技术资料包含隐蔽工程（基础支模）签证记录、隐蔽工程（直螺纹连接）签证记录、隐蔽工程（基础浇筑）签证记录。

施工单位 检查结果	项目质检员：××× 项目总工：×××	××××年××月××日
监理单位 验收结论	专业监理工程师：×××	××××年××月××日

* 代表：基础工程，原状土基础施工。

11. 贯入桩基础施工分项工程质量验收记录

表 A.3 贯入桩基础施工分项工程质量验收记录

编号：020501*

工程名称		分部工程名称	基础工程
检验批数量	4	施工单位	
项目经理		项目总工	

序号	检验批名称	施工单位检查结果	验收结论
1	先张法预应力管桩施工	检查合格	验收合格
2	承台（连梁）现浇混凝土模板及钢筋	检查合格	验收合格
3	承台（连梁）现浇混凝土施工	检查合格	验收合格
4	承台（连梁）现浇混凝土结构外观及尺寸偏差	检查合格	验收合格

说明：填写本次验收的分项工程所包括的检验批的全部桩号、技术资料核查情况。			
施工单位 检查结果	项目质检员：××× 项目总工：×××		××××年××月××日
监理单位 验收结论	专业监理工程师：×××		××××年××月××日

* 代表：基础工程，贯入桩基础施工。

122

12. 锚杆基础施工分项工程质量验收记录

表 A.3　锚杆基础施工分项工程质量验收记录

编号：020601*

工程名称		分部工程名称	基础工程
检验批数量	5	施工单位	
项目经理		项目总工	

序号	检验批名称	施工单位检查结果	验收结论
1	基础锚杆成孔及锚筋加工	检查合格	验收合格
2	基础锚杆安装及混凝土灌注	检查合格	验收合格
3	现浇混凝土模板及钢筋	检查合格	验收合格
4	现浇混凝土施工	检查合格	验收合格
5	现浇混凝土结构外观及尺寸偏差	检查合格	验收合格

说明：1. 填写本次验收的分项工程所包括的检验批的全部桩号、技术资料核查情况。

　　　2. 技术资料包含隐蔽工程（岩石锚杆基础）签证记录。

施工单位 检查结果	项目质检员：××× 项目总工：×××	××××年××月××日
监理单位 验收结论	专业监理工程师：×××	××××年××月××日

* 代表：基础工程，锚杆基础施工。

13. 基础防腐施工分项工程质量验收记录

表 A.3 基础防腐施工分项工程质量验收记录

编号：021001*

工程名称			分部工程名称		基础工程
检验批数量		1	施工单位		
项目经理			项目总工		
序号	检验批名称		施工单位检查结果		验收结论
1	基础防腐施工		检查合格		验收合格
2					
3					
说明：填写本次验收的分项工程所包括的检验批的全部桩号、技术资料核查情况。					
施工单位检查结果	项目质检员：××× 项目总工：×××				××××年××月××日
监理单位验收结论	专业监理工程师：×××				××××年××月××日

* 代表：基础工程，基础防腐施工。

14. 螺旋锚基础施工分项工程质量验收记录

表 A.3 螺旋锚基础施工分项工程质量验收记录

编号：021101*

工程名称		分部工程名称	基础工程
检验批数量	4	施工单位	
项目经理		项目总工	

序号	检验批名称	施工单位检查结果	验收结论
1	螺旋锚基础施工	检查合格	验收合格
2	现浇混凝土模板与钢筋	检查合格	验收合格
3	现浇混凝土施工	检查合格	验收合格
4	现浇混凝土结构外观及尺寸偏差	检查合格	验收合格

说明：填写本次验收的分项工程所包括的检验批的全部桩号、技术资料核查情况。		
施工单位 检查结果	项目质检员：××× 项目总工：×××	××××年××月××日
监理单位 验收结论	专业监理工程师：×××	××××年××月××日

* 代表：基础工程，螺旋锚基础施工。

15. 接地开挖分项工程质量验收记录

表 A.3 接地开挖分项工程质量验收记录

编号：030101*

工程名称			分部工程名称	**接地工程**
检验批数量	1		施工单位	
项目经理			项目总工	
序号	检验批名称		施工单位检查结果	验收结论
1	**接地开挖**		**检查合格**	**验收合格**
2				
3				

说明：1. 填写本次验收的分项工程所包括的检验批的全部桩号、技术资料核查情况。

2. 技术资料包含隐蔽工程（接地线埋设）签证记录。

施工单位 检查结果	项目质检员：××× 项目总工：×××	××××年××月××日
监理单位 验收结论	专业监理工程师：×××	××××年××月××日

* 代表：接地工程，接地开挖。

16. 接地体安装、回填、电阻测试分项工程质量验收记录

表 A.3　接地体安装、回填、电阻测试分项工程质量验收记录

编号：030201*

工程名称			分部工程名称	接地工程
检验批数量	1		施工单位	
项目经理			项目总工	
序号	检验批名称		施工单位检查结果	验收结论
1	接地体安装、回填、电阻测试		检查合格	验收合格
2				
3				

说明：填写本次验收的分项工程所包括的检验批的全部桩号、技术资料核查情况。

施工单位 检查结果	项目质检员：××× 项目总工：×××	××××年××月××日
监理单位 验收结论	专业监理工程师：×××	××××年××月××日

* 代表：土石方工程，接地体安装、回填、电阻测试。

17. 自立式铁塔组立分项工程质量验收记录

表 A.3 自立式铁塔组立分项工程质量验收记录

编号：040101*

工程名称			分部工程名称	**杆塔工程**
检验批数量	2		施工单位	
项目经理			项目总工	
序号	检验批名称	施工单位检查结果		验收结论
1	**自立式铁塔组立**	**检查合格**		**验收合格**
2	**自立式铁塔紧固件安装**	**检查合格**		**验收合格**
3				
说明：填写本次验收的分项工程所包括的检验批的全部桩号、技术资料核查情况。				
施工单位 检查结果	项目质检员：××× 项目总工：×××			××××年××月××日
监理单位 验收结论	专业监理工程师：×××			××××年××月××日

* 代表：杆塔工程，自立式铁塔组立。

18. 导线、地线（OPGW）展放分项工程质量验收记录

表 A.3 导线、地线（OPGW）展放分项工程质量验收记录

编号：050101*

工程名称		分部工程名称	架线工程
检验批数量	1	施工单位	
项目经理		项目总工	

序号	检验批名称	施工单位检查结果	验收结论
1	导线、地线（OPGW）展放	检查合格	验收合格
2			
3			

说明：填写本次验收的分项工程所包括的检验批的全部桩号、技术资料核查情况。		
施工单位 检查结果	项目质检员：××× 项目总工：×××	××××年××月××日
监理单位 验收结论	专业监理工程师：×××	××××年××月××日

* 代表：架线工程，导线、地线（OPGW）展放。

19. 导线、地线压接管施工分项工程质量验收记录

表 A.3　导线、地线压接管施工分项工程质量验收记录

编号：050201*

工程名称		分部工程名称	架线工程
检验批数量	2	施工单位	
项目经理		项目总工	

序号	检验批名称	施工单位检查结果	验收结论
1	导线、地线直线管施工	检查合格	验收合格
2	导线、地线耐张管施工	检查合格	验收合格
3			

说明：1. 填写本次验收的分项工程所包括的检验批的全部桩号、技术资料核查情况。

　　　2. 技术资料包含隐蔽工程［导线、地线耐张（引流）液压］签证记录、隐蔽工程（导线、地线直线液压）签证记录。

施工单位 检查结果	项目质检员：××× 项目总工：×××	××××年××月××日
监理单位 验收结论	专业监理工程师：×××	××××年××月××日

* 代表：架线工程，导线、地线压接管施工。

130

20. 紧线分项工程质量验收记录

表 A.3 紧线分项工程质量验收记录

编号：050301*

工程名称			分部工程名称		架线工程
检验批数量		1	施工单位		
项目经理			项目总工		
序号	检验批名称		施工单位检查结果		验收结论
1	导线、地线（OPGW）紧线		检查合格		验收合格
2					
3					
说明：填写本次验收的分项工程所包括的检验批的全部桩号、技术资料核查情况。					
施工单位 检查结果	项目质检员：✖✖✖ 项目总工：✖✖✖				✖✖✖✖年✖✖月✖✖日
监理单位 验收结论	专业监理工程师：✖✖✖				✖✖✖✖年✖✖月✖✖日

* 代表：架线工程，紧线。

21. 附件安装分项工程质量验收记录

表 A.3 附件安装分项工程质量验收记录

编号：050401*

工程名称		分部工程名称	**架线工程**
检验批数量	3	施工单位	
项目经理		项目总工	
序号	检验批名称	施工单位检查结果	验收结论
1	**直线塔附件安装**	**检查合格**	**验收合格**
2	**耐张塔附件安装**	**检查合格**	**验收合格**
3	**光缆接线盒安装**	**检查合格**	**验收合格**
说明：填写本次验收的分项工程所包括的检验批的全部桩号、技术资料核查情况。			
施工单位 检查结果	项目质检员：××× 项目总工：×××		××××年××月××日
监理单位 验收结论	专业监理工程师：×××		××××年××月××日

* 代表：架线工程，附件安装。

22. 光缆测试分项工程质量验收记录

表 A.3　光缆测试分项工程质量验收记录

编号：050501*

工程名称			分部工程名称	架线工程
检验批数量	2		施工单位	
项目经理			项目总工	
序号	检验批名称		施工单位检查结果	验收结论
1	光缆接头衰减测试		检查合格	验收合格
2	光纤纤芯衰耗测试		检查合格	验收合格
3				
说明：填写本次验收的分项工程所包括的检验批的全部桩号、技术资料核查情况。				
施工单位 检查结果	项目质检员：××× 项目总工：×××			××××年××月××日
监理单位 验收结论	专业监理工程师：×××			××××年××月××日

* 代表：架线工程，光缆测试。

23. 交叉跨越分项工程质量验收记录

表 A.3　交叉跨越分项工程质量验收记录

编号：050601*

工程名称		分部工程名称	**架线工程**
检验批数量	1	施工单位	
项目经理		项目总工	

序号	检验批名称	施工单位检查结果	验收结论
1	交叉跨越	检查合格	验收合格
2			
3			

说明：填写本次验收的分项工程所包括的检验批的全部桩号、技术资料核查情况。

施工单位 检查结果	项目质检员：××× 项目总工：×××	××××年××月××日
监理单位 验收结论	专业监理工程师：×××	××××年××月××日

* 代表：架线工程，交叉跨越。

24. 石砌体、挡墙、防洪堤分项工程质量验收记录

表 A.3 石砌体、挡墙、防洪堤分项工程质量验收记录

编号：060101*

工程名称			分部工程名称	*线路防护设施*
检验批数量		4	施工单位	
项目经理			项目总工	

序号	检验批名称	施工单位检查结果	验收结论
1	现浇混凝土模板及钢筋	检查合格	验收合格
2	现浇混凝土施工	检查合格	验收合格
3	现浇混凝土结构外观及尺寸偏差	检查合格	验收合格
4	石砌体、挡墙、防洪堤砌筑	检查合格	验收合格

说明：填写本次验收的分项工程所包括的检验批的全部桩号、技术资料核查情况。		
施工单位 检查结果	项目质检员：××× 项目总工：×××	××××年××月××日
监理单位 验收结论	专业监理工程师：×××	××××年××月××日

* 代表：线路防护设施，石砌体、挡墙、防洪堤。

25. 排水沟分项工程质量验收记录

表 A.3 排水沟分项工程质量验收记录

编号：060201*

工程名称			分部工程名称	*线路防护设施*
检验批数量	1		施工单位	
项目经理			项目总工	
序号	检验批名称		施工单位检查结果	验收结论
1	*排水沟施工*		*检查合格*	*验收合格*
2				
3				

说明：填写本次验收的分项工程所包括的检验批的全部桩号、技术资料核查情况。

施工单位 检查结果	项目质检员：**×××** 项目总工：**×××**	**××××**年**××**月**××**日
监理单位 验收结论	专业监理工程师：**×××**	**××××**年**××**月**××**日

* 代表：线路防护设施，排水沟。

26. 线路警示防护设施分项工程质量验收记录

表 A.3 线路警示防护设施分项工程质量验收记录

编号：060301*

工程名称			分部工程名称	线路防护设施
检验批数量		1	施工单位	
项目经理			项目总工	

序号	检验批名称	施工单位检查结果	验收结论
1	线路警示防护设施	检查合格	验收合格
2			
3			

说明：填写本次验收的分项工程所包括的检验批的全部桩号、技术资料核查情况。		
施工单位 检查结果	项目质检员：××× 项目总工：×××	××××年××月××日
监理单位 验收结论	专业监理工程师：×××	××××年××月××日

* 代表：线路防护设施，线路警示防护设施。

27. 保护帽分项工程质量验收记录

表 A.3 保护帽分项工程质量验收记录

编号：060401*

工程名称			分部工程名称	**线路防护设施**
检验批数量	1		施工单位	
项目经理			项目总工	
序号	检验批名称		施工单位检查结果	验收结论
1	**保护帽混凝土外观及尺寸偏差**		**检查合格**	**验收合格**
2				
3				
说明：填写本次验收的分项工程所包括的检验批的全部桩号、技术资料核查情况。				
施工单位 检查结果	项目质检员：××× 项目总工：×××			××××年××月××日
监理单位 验收结论	专业监理工程师：×××			××××年××月××日

* 代表：线路防护设施，保护帽。

第三节 分部工程质量验收记录

分部工程质量验收记录共计 6 个,其中土石方 1 个、基础 1 个、接地 1 个、杆塔 1 个、架线 1 个、线路防护 1 个。同一分部工程如需组织多次质量验收的,应分别填写分部工程质量验收记录,同一分部工程全部验收完毕后,**再填写一个总体的分部工程质量验收记录。**分部工程转序现场质量验收记录应使用标准表格表 A.6、表 A.7、表 A.8。具体清单见表 4 和表 5。

表 4 分部工程质量验收记录清单

序号	分部工程	分部工程质量验收记录名称	备注
1	土石方	土石方分部工程质量验收记录	
2	基础	基础分部工程质量验收记录	
3	接地	接地分部工程质量验收记录	
4	杆塔	杆塔分部工程质量验收记录	
5	架线	架线分部工程质量验收记录	
6	线防	线路防护设施分部工程质量验收记录	

表 5 转 序 验 收 记 录 清 单

序号	转序阶段	分部工程转序现场质量验收记录名称	备注
1	组塔前	杆塔组立前阶段现场质量验收记录	
2	架线前	架线前阶段现场质量验收记录	
3	投运前	投运前阶段现场质量验收记录	

1. 土石方分部工程质量验收记录及质量控制资料核查记录

表 A.4　土石方分部工程质量验收记录

编号：0101*

工程名称			分项工程数量		6
施工单位		项目经理		项目总工	
分包单位		分包内容			

序号	分项工程名称	检验批数	施工单位检查结果	监理单位意见	建设单位意见
1	路径复测	1	符合设计要求，检查合格	满足 Q/GDW 10115—2022 要求，验收合格	合格
2	普通基础分坑及开挖	10（10基）	符合设计要求，检查合格	满足 Q/GDW 10115—2022 要求，验收合格	合格
3	原状土基础分坑及开挖	82（82基）	符合设计要求，检查合格	满足 Q/GDW 10115—2022 要求，验收合格	合格
4	桩基础分坑及开挖	10（10基）	符合设计要求，检查合格	满足 Q/GDW 10115—2022 要求，验收合格	合格
5	电气开方	2（2处）	符合设计要求，检查合格	满足 Q/GDW 10115—2022 要求，验收合格	合格
6	土石方回填	10（10基）	符合设计要求，检查合格	满足 Q/GDW 10115—2022 要求，验收合格	合格
	质量控制资料		齐全	真实有效	合格
	安全和功能检验（检测）报告		齐全	真实有效	合格
	综合验收结论		暂定/同意转序		

施工单位 项目经理：××× ××××年××月××日	勘察单位 项目负责人：××× ××××年××月××日	设计单位 项目负责人：××× ××××年××月××日	监理单位 总监理工程师：××× ××××年××月××日	建设单位 项目经理：××× ××××年××月××日

注　除土石方分部外，其他分部工程勘察单位可不参加。

* 代表：土石方工程，第一次验收。

填写说明：

1. 分部工程检验批数量=∑各分项工程的检验批数量之和×基数。本表中数据代表 10 基大开挖基础、80 基挖孔基础、2 基锚杆基础、10 基灌注桩基础，共 102 基，为标段全部工程量。表中括号内数据仅用于计算检验批数量计算依据，可不填写。

2. 同一分部工程如需组织多次质量验收的，应注明第×次验收，检验批数填写本次验收的数量，综合验收结论应填写"暂定"；同一分部工程全部验收完毕后，应填写本表对该分部工程验收情况进行汇总，综合验收结论应填写"同意转序"。

3. 编号由 4 位数字组成，自左向右分别为分部工程序号和两位流水号组成。

表 A.5　土石方分部工程质量控制资料核查记录

编号：0101*

工程名称				施工单位						
项目	序号	资料名称	份数	施工单位		施工单位		监理单位		建设单位
					检查意见	检查人	核查意见	核查人	核查意见	核查人
通用部分记录	1	图纸会检、设计变更、洽商记录	/	/	/	/	/	/	/	/
	2	施工方案、作业指导书、技术交底记录	/	/		/		/		/
土石方工程	1	分项工程质量验收记录	6	齐全完整		真实有效		满足要求		
	2	检验批工程质量验收记录	115	齐全完整	张三	真实有效	李四	满足要求	王五	
	3	隐蔽工程数码照片	102	齐全完整		真实有效		满足要求		
	4	线路复测记录	2	齐全完整		真实有效		满足要求		
	合计		225							
工程质量事故及主要质量问题记录			0	无	张三	无	李四	无	王五	
核查结论			/	合格	张三	合格	李四	合格	王五	

施工单位：	监理单位：	建设单位：
项目质检员：✕✕✕	监理员：✕✕✕	技术专责：✕✕✕
项目总工：✕✕✕	专业监理工程师：✕✕✕	项目经理：✕✕✕
项目经理：✕✕✕	总监：✕✕✕	
✕✕✕✕年✕✕月✕✕日	✕✕✕✕年✕✕月✕✕日	✕✕✕✕年✕✕月✕✕日

注　1. 本表为通用表，使用过程中只需将分部工程中的相关项目列出，可以根据实际情况增减。

　　2. 表中：分项、检验批份数以本分部工程表 A.4 统计，数码照片按照 1 基 1 张统计，线路复测记录以线记 1、线记 2 统计，其余按实际开展情况统计。

*　与分部工程质量验收记录编号相同。

2. 基础分部工程质量验收记录及质量控制资料核查记录

表 A.4 基础分部工程质量验收记录

编号：0201*

工程名称				分项工程数量		4	
施工单位			项目经理		项目总工		
分包单位				分包内容			
序号	分项工程名称	检验批数	施工单位检查结果		监理单位意见		建设单位意见
1	开挖式基础施工	30（10基）	符合设计要求，检查合格		满足 Q/GDW 10115—2022 要求，验收合格		合格
2	混凝土灌注桩基础施工	70（10基）	符合设计要求，检查合格		满足 Q/GDW 10115—2022 要求，验收合格		合格
3	原状土基础施工	240（80基）	符合设计要求，检查合格		满足 Q/GDW 10115—2022 要求，验收合格		合格
4	锚筋基础施工	10（2基）	符合设计要求，检查合格		满足 Q/GDW 10115—2022 要求，验收合格		合格
质量控制资料			齐全		真实有效		合格
安全和功能检验（检测）报告			齐全		真实有效		合格
综合验收结论			暂定/同意转序				
施工单位 项目经理：××× ××××年××月××日	勘察单位 项目负责人：××× ××××年××月××日		设计单位 项目负责人：××× ××××年××月××日		监理单位 总监理工程师：××× ××××年××月××日		建设单位 项目经理：××× ××××年××月××日

注 除土石方分部外，其他分部工程勘察单位可不参加。

* 代表：基础工程，第一次验收。

填写说明：

1. 分部工程检验批数量＝∑各分项工程的检验批数量之和×基数。本表中数据代表 10 基大开挖基础、80 基挖孔基础、2 基锚杆基础、10 基灌注桩基础，共 102 基，为标段全部工程量。表中括号内数据仅用于计算检验批数量计算依据，可不填写。

2. 同一分部工程如需组织多次质量验收的，应注明第×次验收，检验批数填写本次验收的数量，综合验收结论应填写"暂定"；同一分部工程全部验收完毕后，应填写本表对该分部工程验收情况进行汇总，综合验收结论应填写"同意转序"。

3. 编号由 4 位数字组成，自左向右分别为分部工程序号和两位流水号组成。

表 A.5 基础分部工程质量控制资料核查记录

编号：0201

项目	序号	资料名称	份数	施工单位		监理单位		建设单位	
				检查意见	检查人	核查意见	核查人	核查意见	核查人
通用部分记录	1	图纸会检、设计变更、洽商记录	10	齐全完整	张三	真实有效	李四	满足要求	王五
	2	施工方案、作业指导书、技术交底记录	20	齐全完整		真实有效		满足要求	
基础工程	1	桩基施工记录	20	齐全完整	张三	真实有效	李四	满足要求	王五
	2	地基验槽记录	82	齐全完整		真实有效		满足要求	
	3	混凝土、砂浆配合比试验报告	10	齐全完整		真实有效		满足要求	
	4	混凝土外加剂试验报告单	10	齐全完整		真实有效		满足要求	
	5	原材料、半成品出厂合格证及进场检（试）验报告	30	齐全完整		真实有效		满足要求	
	6	钢筋材质及焊接（机械连接）接头的试验报告	20	齐全完整		真实有效		满足要求	
	7	混凝土试件的试验报告	102	齐全完整		真实有效		满足要求	
	8	混凝土强度统计、评定记录	4	齐全完整		真实有效		满足要求	
	9	分项工程质量验收记录	4	齐全完整		真实有效		满足要求	
	10	检验批工程质量验收记录	350	齐全完整		真实有效		满足要求	
	11	材料进场检验、试件制作数码照片	20	齐全完整		真实有效		满足要求	
	12	隐蔽工程数码照片	204	齐全完整		真实有效		满足要求	
合计			886						
工程质量事故及主要质量问题记录			0	无	张三	无	李四	无	王五
核查结论			/	合格	张三	合格	李四	合格	王五

施工单位：	监理单位：	建设单位：
项目质检员：×××	监理员：×××	技术专责：×××
项目总工：×××	专业监理工程师：×××	项目经理：×××
项目经理：×××	总监：×××	
××××年××月××日	××××年××月××日	××××年××月××日

注 1. 本表为通用表，使用过程中只需将分部工程中的相关项目列出，可以根据实际情况增减。

　　2. 表中：分项、检验批份数以本分部工程表 A.4 统计，数码照片按照 1 基 2 张统计，混凝土试件的试验报告按 1 基 1 份统计，桩基施工记录、地基验槽记录按线记 5、线记 4、线记 3 统计，线记 6、线记 7、线记 8、线记 9、线记 10、线记 11 及其他项目按实际开展情况统计。

　　3. 与分部工程质量验收记录编号相同。

3. 接地分部工程质量验收记录及质量控制资料核查记录

表 A.4　接地分部工程质量验收记录

编号：0301*

工程名称				分项工程数量		2	
施工单位			项目经理		项目总工		
分包单位				分包内容			
序号	分项工程名称	检验批数	施工单位检查结果		监理单位意见		建设单位意见
1	接地开挖	102（102基）	符合设计要求，检查合格		满足 Q/GDW 10115—2022 要求，验收合格		合格
2	接地体安装、回填、电阻测试	102（102基）	符合设计要求，检查合格		满足 Q/GDW 10115—2022 要求，验收合格		合格
3							
质量控制资料			齐全		真实有效		合格
安全和功能检验（检测）报告			齐全		真实有效		合格
综合验收结论			暂定/同意转序				
施工单位项目经理：××× ××××年××月××日	勘察单位项目负责人：××× ××××年××月××日		设计单位项目负责人：××× ××××年××月××日		监理单位总监理工程师：××× ××××年××月××日		建设单位项目经理：××× ××××年××月××日

注　除土石方分部外，其他分部工程勘察单位可不参加。

* 代表：接地工程，第一次验收。

填写说明：

1. 分部工程检验批数量＝∑各分项工程的检验批数量之和×基数。本表中数据代表 10 基大开挖基础、80 基挖孔基础、2 基锚杆基础、10 基灌注桩基础，共 102 基，为标段全部工程量。表中括号内数据仅用于计算检验批数量计算依据，可不填写。

2. 同一分部工程如需组织多次质量验收的，应注明第×次验收，检验批数填写本次验收的数量，综合验收结论应填写"暂定"；同一分部工程全部验收完毕后，应填写本表对该分部工程验收情况进行汇总，综合验收结论应填写"同意转序"。

3. 编号由 4 位数字组成，自左向右分别为分部工程序号和两位流水号组成。

表 A.5　接地分部工程质量控制资料核查记录

编号：0301

项目	序号	资料名称	份数	施工单位		监理单位		建设单位	
				检查意见	检查人	核查意见	核查人	核查意见	核查人
通用部分记录	1	图纸会检、设计变更、洽商记录	/	/	/		/		/	
	2	施工方案、作业指导书、技术交底记录	/	/			/		/	
接地工程	1	原材料及构件、配件出厂合格证及进场检（试）验报告	10	齐全完整	张三	真实有效	李四	满足要求	王五
	2	接地工程施工记录	102	齐全完整		真实有效		满足要求	
	3	分项工程质量验收记录	2	齐全完整		真实有效		满足要求	
	4	检验批工程质量验收记录	204	齐全完整		真实有效		满足要求	
	5	材料进场检验数码照片	5	齐全完整		真实有效		满足要求	
	6	隐蔽工程数码照片	102	齐全完整		真实有效		满足要求	
	合计		425						
工程质量事故及主要质量问题记录			0	无	张三	无	李四	无	王五
核查结论			/	合格	张三	合格	李四	合格	王五

施工单位：	监理单位：	建设单位：
项目质检员：×××	监理员：×××	技术专责：×××
项目总工：×××	专业监理工程师：×××	项目经理：×××
项目经理：×××	总监：×××	
××××年××月××日	××××年××月××日	××××年××月××日

注　1. 本表为通用表，使用过程中只需将分部工程中的相关项目列出，可以根据实际情况增减。

　　2. 表中：分项、检验批份数以本分部工程表 A.4 统计，数码照片按照 1 基 1 张统计，接地工程施工记录按线记 12 统计，其余按实际开展情况统计。

　　3. 与分部工程质量验收记录编号相同。

4. 杆塔分部工程质量验收记录及质量控制资料核查记录

表 A.4　杆塔分部工程质量验收记录

编号：0401*

工程名称				分项工程数量			1
施工单位			项目经理			项目总工	
分包单位				分包内容			

序号	分项工程名称	检验批数	施工单位检查结果	监理单位意见	建设单位意见
1	自立式铁塔组立	204（102基）	符合设计要求，检查合格	满足 Q/GDW 10115—2022 要求，验收合格	合格
2					
3					
质量控制资料			齐全	真实有效	合格
安全和功能检验（检测）报告			齐全	真实有效	合格
综合验收结论			暂定/同意转序		

施工单位 项目经理：××× ××××年××月××日	勘察单位 项目负责人：××× ××××年××月××日	设计单位 项目负责人：××× ××××年××月××日	监理单位 总监理工程师：××× ××××年××月××日	建设单位 项目经理：××× ××××年××月××日

注　除土石方分部外，其他分部工程勘察单位可不参加。

* 代表：杆塔工程，第一次验收。

填写说明：

1. 分部工程检验批数量=∑各分项工程的检验批数量之和×基数。本表中数据代表 10 基大开挖基础、80 基挖孔基础、2 基锚杆基础、10 基灌注桩基础，共 102 基，为标段全部工程量。表中括号内数据仅用于计算检验批数量计算依据，可不填写。

2. 同一分部工程如需组织多次质量验收的，应注明第×次验收，检验批数填写本次验收的数量，综合验收结论应填写"暂定"；同一分部工程全部验收完毕后，应填写本表对该分部工程验收情况进行汇总，综合验收结论应填写"同意转序"。

3. 编号由 4 位数字组成，自左向右分别为分部工程序号和两位流水号组成。

表 A.5　杆塔分部工程质量控制资料核查记录

编号：0401

项目	序号	资料名称	份数	施工单位		监理单位		建设单位	
				检查意见	检查人	核查意见	核查人	核查意见	核查人
通用部分记录	1	图纸会检、设计变更、洽商记录	2	齐全完整	张三	真实有效	李四	满足要求	王五
	2	施工方案、作业指导书、技术交底记录	20	齐全完整		真实有效		满足要求	
杆塔工程	1	材料、构件、配件出厂合格证及进场检（试）验报告	10	齐全完整	张三	真实有效	李四	满足要求	王五
	2	分项工程质量验收记录	1	齐全完整		真实有效		满足要求	
	3	检验批工程质量验收记录	204	齐全完整		真实有效		满足要求	
	4	材料进场检验、试件制作数码照片	20	齐全完整		真实有效		满足要求	
合计			257						
工程质量事故及主要质量问题记录			0	无	张三	无	李四	无	王五
核查结论			/	合格	张三	合格	李四	合格	王五

施工单位：	监理单位：	建设单位：
项目质检员：✕✕✕	监理员：✕✕✕	技术专责：✕✕✕
项目总工：✕✕✕	专业监理工程师：✕✕✕	项目经理：✕✕✕
项目经理：✕✕✕	总监：✕✕✕	
✕✕✕✕年✕✕月✕✕日	✕✕✕✕年✕✕月✕✕日	✕✕✕✕年✕✕月✕✕日

注　1. 本表为通用表，使用过程中只需将分部工程中的相关项目列出，可以根据实际情况增减。

2. 表中：分项、检验批份数以本分部工程表 A.4 统计，其余按实际开展情况统计。

3. 与分部工程质量验收记录编号相同。

5. 架线分部工程质量验收记录及质量控制资料核查记录

表 A.4　架线分部工程质量验收记录

编号：0501*

工程名称				分项工程数量		6
施工单位			项目经理		项目总工	
分包单位				分包内容		
序号	分项工程名称	检验批数	施工单位检查结果	监理单位意见		建设单位意见
1	导线、地线（OPGW）展放	5（5个区段）	符合设计要求，检查合格	满足 Q/GDW 10115—2022 要求，验收合格		合格
2	导线、地线压接管施工**	120（40档）	符合设计要求，检查合格	满足 Q/GDW 10115—2022 要求，验收合格		合格
3	紧线	20（20档）	符合设计要求，检查合格	满足 Q/GDW 10115—2022 要求，验收合格		合格
4	附件安装	112（102基）	符合设计要求，检查合格	满足 Q/GDW 10115—2022 要求，验收合格		合格
5	光缆测试	11（10处）	符合设计要求，检查合格	满足 Q/GDW 10115—2022 要求，验收合格		合格
6	交叉跨越	10（10处）	符合设计要求，检查合格	满足 Q/GDW 10115—2022 要求，验收合格		合格
质量控制资料			齐全	真实有效		合格
安全和功能检验（检测）报告			齐全	真实有效		合格
综合验收结论		暂定/同意转序				
施工单位 项目经理：××× ××××年××月××日	勘察单位 项目负责人：××× ××××年××月××日	设计单位 项目负责人：××× ××××年××月××日		监理单位 总监理工程师：××× ××××年××月××日		建设单位 项目经理：××× ××××年××月××日

注　除土石方分部外，其他分部工程勘察单位可不参加。

* 代表：架线工程，第一次验收。

** 代表：样例工程地线为预绞式耐张线夹且定长设计，无相应压接管。

填写说明：

1. 分部工程检验批数量=∑各分项工程的检验批数量之和×基数。本表中数据代表 10 基大开挖基础、80 基挖孔基础、2 基锚杆基础、10 基灌注桩基础，共 102 基，为标段全部工程量。表中括号内数据仅用于计算检验批数量计算依据，可不填写。

2. 同一分部工程如需组织多次质量验收的，应注明第×次验收，检验批数填写本次验收的数量，综合验收结论应填写"暂定"；同一分部工程全部验收完毕后，应填写本表对该分部工程验收情况进行汇总，综合验收结论应填写"同意转序"。

3. 编号由 4 位数字组成，自左向右分别为分部工程序号和两位流水号组成。

4. 导线压接管施工按照 20 基耐张塔，20 档接续管统计；紧线按 20 个耐张段统计；光缆接头盒按照 10 处统计；交叉跨越按 10 处统计。

表 A.5　架线分部工程质量控制资料核查记录

编号：0501

工程名称				施工单位						
项目	序号	资料名称	份数	施工单位		监理单位		建设单位	
				检查意见	检查人	核查意见	核查人	核查意见	核查人
通用部分记录	1	图纸会检、设计变更、洽商记录	10	齐全完整	张三	真实有效	李四	满足要求	王五
	2	施工方案、作业指导书、技术交底记录	20	齐全完整		真实有效		满足要求	
架线工程	1	原材料及构件、配件等出厂合格证及进场检（试）验报告	30	齐全完整	张三	真实有效	李四	满足要求	王五
	2	导线、地线压接试件试验报告	4	齐全完整		真实有效		满足要求	
	3	导线、地线架设施工记录	5	齐全完整		真实有效		满足要求	
	4	光缆现场开盘测试记录	10	齐全完整		真实有效		满足要求	
	5	光缆接头衰减测试记录	10	齐全完整		真实有效		满足要求	
	6	光缆纤芯衰耗测试记录	1	齐全完整		真实有效		满足要求	
	7	分项工程质量验收记录	6	齐全完整		真实有效		满足要求	
	8	检验批工程质量验收记录	278	齐全完整		真实有效		满足要求	
	9	材料进场检验、试件制作数码照片	10	齐全完整		真实有效		满足要求	
	10	隐蔽工程数码照片	720	齐全完整		真实有效		满足要求	
合计			1104						
工程质量事故及主要质量问题记录			0	无	张三	无	李四	无	王五
核查结论			/	合格	张三	合格	李四	合格	王五

施工单位： 项目质检员：××× 项目总工：××× 项目经理：××× 　　××××年××月××日	监理单位： 监理员：××× 专业监理工程师：××× 总监：××× 　　××××年××月××日	建设单位： 技术专责：××× 项目经理：××× 　　　 　　××××年××月××日

注　1. 本表为通用表，使用过程中只需将分部工程中的相关项目列出，可以根据实际情况增减。
　　2. 表中：分项、检验批份数以本分部工程表 A.4 统计，数码照片参照直流 6 分裂导线耐张塔 20 基、直线接续 20 处、每根管 1 张统计。导地线架设施工记录按 5 个放线区段统计，光缆接头以 10 处统计。线记 13、线记 14 及其他项目按实际开展情况统计。
　　3. 与分部工程质量验收记录编号相同。

6. 线路防护设施分部工程质量验收记录及质量控制资料核查记录

表 A.4 线路防护设施分部工程质量验收记录

编号：0601*

工程名称				分项工程数量		4
施工单位			项目经理		项目总工	
分包单位			分包内容			
序号	分项工程名称	检验批数	施工单位检查结果	监理单位意见		建设单位意见
1	石砌体护坡、挡墙、防洪堤	40（10处）	符合设计要求，检查合格	满足 Q/GDW 10115—2022 要求，验收合格		合格
2	排水沟	10（10处）	符合设计要求，检查合格	满足 Q/GDW 10115—2022 要求，验收合格		合格
3	线路警示防护设施	102（102基）	符合设计要求，检查合格	满足 Q/GDW 10115—2022 要求，验收合格		合格
4	保护帽	102（102基）	符合设计要求，检查合格	满足 Q/GDW 10115—2022 要求，验收合格		合格
5						
6						
质量控制资料			齐全	真实有效		合格
安全和功能检验（检测）报告			齐全	真实有效		合格
综合验收结论		暂定/同意转序				
施工单位 项目经理：××× ××××年××月××日	勘察单位 项目负责人：××× ××××年××月××日	设计单位 项目负责人：××× ××××年××月××日	监理单位 总监理工程师：××× ××××年××月××日		建设单位 项目经理：××× ××××年××月××日	

注　除土石方分部外，其他分部工程勘察单位可不参加。

* 代表：线路防护设施，第一次验收。

填写说明：

1. 分部工程检验批数量＝∑各分项工程的检验批数量之和×基数。本表中数据代表 10 基大开挖基础、80 基挖孔基础、2 基锚杆基础、10 基灌注桩基础，共 102 基，为标段全部工程量。表中括号内数据仅用于计算检验批数量计算依据，可不填写。

2. 同一分部工程如需组织多次质量验收的，应注明第×次验收，检验批数填写本次验收的数量，综合验收结论应填写"暂定"；同一分部工程全部验收完毕后，应填写本表对该分部工程验收情况进行汇总，综合验收结论应填写"同意转序"。

3. 编号由 4 位数字组成，自左向右分别为分部工程序号和两位流水号组成。

4. 护坡、排水沟等各按 10 处统计，线路防护设施、保护帽按 102 基统计。

表 A.5　线路防护设施分部工程质量控制资料核查记录

编号：0601

项目	序号	资料名称	份数	施工单位 检查意见	施工单位 检查人	监理单位 核查意见	监理单位 核查人	建设单位 核查意见	建设单位 核查人
工程名称				施工单位					
通用部分记录	1	图纸会检、设计变更、洽商记录	/	/		/		/	
	2	施工方案、作业指导书、技术交底记录	/	/		/		/	
线路防护工程	1	原材料及构件、配件出厂合格证及进场检（试）验报告	2	齐全完整		真实有效		满足要求	
	2	混凝土、砂浆配合比试验报告	1	齐全完整		真实有效		满足要求	
	3	混凝土试件的试验报告	1	齐全完整		真实有效		满足要求	
	4	混凝土强度统计、评定记录	1	齐全完整		真实有效		满足要求	
	5	地基验槽记录	0	/				/	
	6	线路防护设施施工记录	224	齐全完整	张三	真实有效	李四	满足要求	王五
	7	钢筋材质及焊接（机械连接）接头的试验报告	1	齐全完整		真实有效		满足要求	
	8	分项工程质量验收记录	4	齐全完整		真实有效		满足要求	
	9	检验批工程质量验收记录	254	齐全完整		真实有效		满足要求	
	10	材料进场检验、试件制作数码照片	5	齐全完整		真实有效		满足要求	
	11	隐蔽工程数码照片	20	齐全完整		真实有效		满足要求	
合计			513						
工程质量事故及主要质量问题记录			0	无	张三	无	李四	无	王五
核查结论			/	合格	张三	合格	李四	合格	王五

施工单位：	监理单位：	建设单位：
项目质检员：×××	监理员：×××	技术专责：×××
项目总工：×××	专业监理工程师：×××	
项目经理：×××	总监：×××	项目经理：×××
××××年××月××日	××××年××月××日	××××年××月××日

注　1. 本表为通用表，使用过程中只需将分部工程中的相关项目列出，可以根据实际情况增减。

2. 表中：分项、检验批份数以本分部工程表 A.4 统计，数码照片按每处 1 张统计，线路防护设施施工记录按 102 基（含保护帽、警示防护）统计，护坡、排水沟等各按 10 处统计，其余按实际开展情况统计。

3. 与分部工程质量验收记录编号相同。

7. 杆塔组立前阶段现场质量验收记录

表 A.6 杆塔组立前阶段现场质量验收记录

编号：

工程名称				验收单位				
杆塔号				基础型号				

类别	序号	检查项目	检验标准（允许偏差）	检查结果				备注
				A	B	C	D	
主控项目	1	地脚螺栓、插入角钢（钢管）规格及数量	符合设计要求					
	2	外观质量	不应有严重缺陷。对已经出现的严重缺陷，应由施工单位提出技术处理方案，并经监理（建设）、设计单位认可后进行处理，对经处理的部位，应重新检查验收					
	3	地螺分布直径、间距（地螺小根开）（mm）	≤±2					
	4	立柱断面尺寸	"负偏差不应＞1%"岩石、掏挖基础不应出现负误差					
	5	混凝土回弹强度	符合设计要求 设计值：					
	6	杆塔中心桩	应有可靠保护措施，标识清晰					
	7	防沉层	回填后坑口上应筑防沉层，其上部边宽不应小于坑口边宽。有沉降的防沉层应及时补填夯实，工程移交时回填土不应低于地面					
	8	基础回填土料	符合设计要求					
一般项目	1	整基基础扭转	一般塔≤10′					
			高塔≤5′					
	2	整基基础中心位移（mm）	顺线路耐张塔：≤30					
			横线路≤30					

续表

类别	序号	检查项目	检验标准（允许偏差）			检查结果				备注
						A	B	C	D	
一般项目	3	基础根开及对角线尺寸 a	设计值	AB: CD: AC:	BC: DA: BD:	AB: CD: AC:	BC: DA: BD:			
			一般塔	螺栓式	±0.2%					
				插入式	±0.1%					
			高塔 b		±0.07%					
	4	基础允许外露值	符合设计要求							
	5	钢筋保护层厚度（mm）	符合设计要求 设计值：							
	6	地螺外露高度（mm）	设计值： +10，-5							
	7	同组地脚螺栓中心（插入式角钢形心）对设计值的偏移（mm）	≤10							
	8	基础顶面高差或主角钢（钢管）操平印记间相对高差（mm）	≤5							
	9	插入式基础的主角钢（钢管）倾斜率	≤3%							
	10	回填标高	符合设计要求							
	11	表面平整度	≤20							
	12	接地沟回填	采用与原状土同类土质回填并夯实，爬坡处应做好防冲刷措施							
	13	接地沟防沉层设置	防沉层高度100～300mm							
备注			a 不等高基础以两个半根开和两个半对角线表示 b 高塔是指按大跨越设计，塔高在100m以上的铁塔							
验收结论										
验收人员									年　月　日	

8. 架线前阶段现场质量验收记录

表 A.7 架线前阶段现场质量验收记录

编号：

工程名称				验收单位	
杆塔号				杆塔型号	

类别	序号	检查项目	检验标准（允许偏差）	检查结果	备注
主控项目	1	杆塔部件规格、数量	符合设计要求，出厂合格证件齐全		
	2	相邻主材节点间弯曲	角钢塔＜1/750；钢管塔＜1/1000		
	3	大跨越工程钢管构件弯曲度	＜构件长度 1/1500 且不大于 5mm		
	4	分段及整段钢管杆弯曲	均不超过其对应长度的 2‰		
	5	焊接质量	符合设计要求		
	6	耐张塔、终端塔倾斜	向受力反方向预倾斜＞0，并符合设计要求		
	7	悬垂直线塔结构倾斜	一般塔＜3‰		
			高塔＜1.5‰		
	8	法兰盘接触面间隙	连接紧密，最大间隙≤2mm		
	9	地脚螺栓	符合设计要求，螺栓与螺帽标记匹配，拧紧螺帽并做好防卸处理		
	10	紧固件规格、数量	符合设计要求，出厂合格证件齐全		
	11	螺栓紧固	紧固力矩值符合《110kV～1000kV架空输电线路施工及验收规范》（Q/GDW 10115—2022）第9.1.9条的规定或设计要求，螺纹不进入剪切面。紧固率：组塔后≥95%、架线后≥97%（其中主材连接处、导地线挂点等关键部位紧固率100%）		
	12	螺栓防卸	安装到位，高度符合设计要求，齐全、无遗漏		
	13	螺栓防松	安装齐全并符合设计要求、齐全、无遗漏		
	14	接地引下线	接地引下线材质、规格及连接方式符合设计要求		
	15	按季节系数换算后接地电阻值（接地回填后测量）	符合设计要求		

类别	序号	检查项目	检验标准（允许偏差）	检查结果	备注
一般项目	1	部件外观	无弯曲、脱锌、变形、错孔、磨损		
	2	塔脚板	与基础、主材接触良好		
	3	杆段及构件外观	无明显的凹坑、扭曲等变形		
	4	接地孔	每腿均设置接地孔，位置能保证接地引下线连板顺利安装		
	5	泄水孔	位置合理，排水顺畅		
	6	铁塔表面质量	符合《输电线路铁塔制造技术条件》（GB/T 2694—2018）第 6.9、7.3.4.3 条规定		
	7	休息平台	符合设计要求		
	8	火曲构件	方向及角度符合设计要求		
	9	防坠落装置	符合设计要求，连接顺畅		
	10	走道	符合设计要求		
	11	爬梯	符合设计要求		
	12	螺栓镀锌层	直径<20mm 时，厚度>35μm		
			直径≥20mm 时，厚度>45μm		
	13	螺栓与构件面接触	与构件平面垂直，螺栓头与构件间的接触处无空隙		
	14	构件交叉处空隙	装设相应厚度的垫圈或垫板，垫圈数量不超过 2 片		
	15	螺栓出扣、穿向	符合工艺要求、穿向应一致美观		
	16	脚钉	安装齐全美观，脚蹬侧露丝，弯钩朝向应一致向上		
	17	接地引下线弯制	接地引下线贴合铁塔、保护帽。弯制处镀锌无剥落，无生锈。接地螺栓应符合设计要求。高立柱基础，接地引下线固定方式符合设计要求		
备注					
验收结论					
验收人员					

年　　月　　日

155

9. 投运前阶段现场质量验收记录

表 A.8 投运前阶段现场质量验收记录

编号：

工程名称				验收单位	
类别	序号	检查项目	质量标准	检查杆塔号/起止杆塔号	检查结果
主控项目	1	耐张塔、终端塔倾斜	向受力反方向倾斜		
	2	直线钢管杆倾斜	架线后不超过杆高5‰		
	3	杆塔螺栓紧固	紧固力矩值符合《110kV～1000kV 架空输电线路施工及验收规范》（Q/GDW 10115—2022）第9.1.9条的规定或设计要求，螺纹不进入剪切面。紧固率：组塔后≥95%、架线后≥97%（其中主材连接处、导地线挂点等关键部位紧固率100%）		
	4	导线、地线及OPGW、规格	符合设计要求		
	5	导线、地线损伤补修及接续处理	符合《110kV～1000kV架空输电线路施工及验收规范》（Q/GDW 10115—2022）第10.2.11、10.2.12条的规定		
	6	OPGW损伤处理	符合《110kV～1000kV架空输电线路施工及验收规范》（Q/GDW 10115—2022）第10.6.19、10.6.20条的规定		
	7	压接管规格、型号	符合设计要求		
	8	压接管压接后对边距尺寸	符合《输变电工程架空导线（800mm²以下）及地线液压压接工艺规程》（DL/T 5285—2018）、《大截面导线压接工艺导则》（Q/GDW 10571—2018）的规定		
	9	金具及间隔棒规格、数量	符合设计要求		
	10	绝缘子的规格、数量	符合设计要求		
	11	开口销及弹簧销	符合设计要求，齐全并开口		
	12	跳线及带电导体对铁塔电气间隙	符合设计要求		

类别	序号	检查项目	质量标准	检查杆塔号/起止杆塔号	检查结果
主控项目	13	跳线连接板及并沟线夹连接	符合《110kV～750kV 架空输电线路施工及验收规范》（GB 50233—2014）第 8.6.15 条的规定		
	14	对交叉跨越物及对地距离	符合验收规范要求		
	15	基础护坡、挡土墙、防洪堤砌制尺寸及工艺	尺寸符合设计要求，上下层砌石错层砌制，外露面平整美观		
	16	杆号牌安装	符合设计、运行单位要求		
	17	警告牌安装	符合设计、运行单位要求		
	18	相位牌、色标牌安装	符合设计、运行单位要求		
	19	高塔航空标识安装	符合设计要求		
	20	在线监测设施、微气象监测设施安装	符合设计要求		
	21	拦江线、公路限高标志、拉线（道路侧）护桩、基础护桩	符合设计要求		
	22	余土、弃渣、泥浆清运，恢复植被，恢复道路	符合设计要求		
一般项目	1	悬垂绝缘子串倾斜	导地线不大于 5°，200mm（特高压高山大岭 300mm）；OPGW 悬垂串倾斜偏差不大于 5°（最大偏移值 100mm）		
	2	防振锤及阻尼线安装距离	±30mm		
	3	铝包带、预绞丝缠绕	符合《110kV～750kV 架空输电线路施工及验收规范》（GB 50233—2014）第 8.6.9 条的规定		
	4	间隔棒安装位置（%）	端次档距：±1.5 中间次档距：±3.0		
	5	同一档内接续管与补修管（预绞丝）数量	符合《110kV～750kV 架空输电线路施工及验收规范》（GB 50233—2014）第 8.4.12 条的规定		

续表

类别	序号	检查项目	质量标准	检查杆塔号/ 起止杆塔号	检查结果
一般项目	6	各压接管与线夹、间隔棒间距	符合《110kV～750kV 架空输电线路施工及验收规范》（GB 50233—2014）第 8.4.12 条的规定		
	7	导线、地线（OPGW）外观质量	符合《110kV～750kV 架空输电线路施工及验收规范》（GB 50233—2014）第 8.2.11、8.3.2 条的规定		
	8	压接管压接后弯曲	800mm² 以下导线的不超过 2%、800mm² 及以上导线的不超过 1%且无明显弯曲		
	9	压接管表面质量	无起皱、无毛刺、防腐处理良好		
	10	导线、地线及 OPGW 弧垂（挂线后）（%）	一般线路，且档距≤800m：±2.5%；大跨越或档距大于 800m：±1%（正偏差不得超过 1m）		
	11	导线、地线相（极）间弧垂偏差（mm）	一般线路档距≤800m：300；大跨越或档距大于 800m：500		
	12	同相（极）子导线弧垂偏差（mm）	50		
	13	屏蔽环、均压环安装	符合设计要求		
	14	绝缘子锁紧销子及螺栓穿入方向	符合《110kV～750kV 架空输电线路施工及验收规范》（GB 50233—2014）第 8.6.7 条的规定		
	15	OPGW 预绞丝连接	符合设计要求		
	16	跳线制作	符合《110kV～1000kV 架空输电线路施工及验收规范》（Q/GDW 10115—2022）第 10.5.17、10.5.18、10.5.19 条的规定		
	17	绝缘地线放电间隙	±2mm		
	18	跳线铝管或骨架水平度	1.00%		
	19	刚性跳线管材按制造长度的弯曲度	0.50%		
	20	OPGW 接线盒安装	符合设计要求		

续表

类别	序号	检查项目	质量标准	检查杆塔号/起止杆塔号	检查结果
一般项目	21	OPGW 引下线安装	符合设计要求		
	22	OPGW 余缆安装	符合设计要求		
	23	基础护坡、挡土墙、防洪堤砌体泄水孔、疏水层	符合设计及规范要求		
	24	基础护坡、挡土墙、防洪堤砌体伸缩缝	符合设计及规范要求		
	25	保护帽外观	保护帽浇筑一次成型，无二次抹面。顶面适当放坡，混凝土初凝前压实收光，确保平整光洁，不积水，棱角清晰		
	26	保护帽防水	保护帽与塔脚结合严密，不应有裂缝；主材与靴板间的缝隙采取防水措施		
	27	保护帽尺寸	符合设计要求。保护帽宽度距离塔腿板每侧不小于 50mm，高度应以超过地脚螺栓 50~100mm 为宜，并不小于 300mm		
	28	排水沟断面尺寸	符合设计要求		
	29	排水沟布置及外观	排水沟应保证内壁平整，迎水侧沟沿略低于原状土并结合紧密，坡度保证排水顺畅，外观牢固、美观		
备注					
验收结论					
验收人员					

年　　月　　日

第四节　单位工程质量验收记录及检查记录

单位工程质量验收填写"单位工程质量验收记录"（即表 A.9）与"单位工程质量控制资料核查记录"（即表 A.10）。"施工现场质量管理检查记录"（即表 A.11）在此阶段一并填报。

1. 单位工程质量验收记录

表 A.9　单位工程质量验收记录

编号：01*

工程名称		线路亘长		回路数		单回
开工日期			竣工日期			
序号	分部工程名称	分项工程数量	检验批数量	验收结论		
1	土石方	6	115	合格		
2	基础	4	350	合格		
3	接地	2	204	合格		
4	杆塔	1	204	合格		
5	架线	6	278	合格		
6	防护设施	4	254	合格		
7	质量控制资料核查	共 3410 项，经审查符合规定 3410 项		合格		
综合验收结论	工程质量符合设计和有关标准要求，验收合格。					
验收单位	建设单位	监理单位	设计单位	勘察单位	施工单位	
	（公章）	（公章）	（公章）	（公章）	（公章）	
	项目经理：×××　　×××年××月××日	总监理工程师：×××　　×××年××月××日	项目负责人：×××　　×××年××月××日	项目负责人：×××　　×××年××月××日	项目经理：×××　　×××年××月××日	

注　1. 单位工程分项工程数量＝各分部工程对应分项工程数量之和。
　　2. 单位工程检验批数量＝对应各分部工程检验批数量之和。
* 代表本工程 1 标段。

2. 单位工程质量控制资料核查记录

表 A.10 单位工程质量控制资料核查记录

编号：01*

工程名称			施工单位				
项目	序号	资料名称		份数	施工单位检查意见	监理单位核查意见	建设单位核查意见
一、出厂证件及试验资料	1	原材料、半成品及构件、配件出厂合格证及进场检（试）验报告		82	齐全完整	真实有效	满足要求
	2	混凝土、砂浆配合比试验报告		11	齐全完整	真实有效	满足要求
	3	钢筋材质及焊接接头的试验报告		21	齐全完整	真实有效	满足要求
	4	混凝土外加剂试验报告单		10	齐全完整	真实有效	满足要求
	5	混凝土、砂浆试件的试验报告		11	齐全完整	真实有效	满足要求
	6	导线、地线压接试件试验报告		4	齐全完整	真实有效	满足要求
		合计		139			
二、主要技术资料及施工记录	1	图纸会检、设计变更、洽商记录		22	齐全完整	真实有效	满足要求
	2	施工方案、作业指导书、技术交底记录		60	齐全完整	真实有效	满足要求
	3	线路复测记录		2	齐全完整	真实有效	满足要求
	4	桩基施工记录		20	齐全完整	真实有效	满足要求
	5	混凝土强度统计、评定记录		5	齐全完整	真实有效	满足要求
		合计		109			
三、隐蔽工程验收记录	1	地基验槽验收记录		82	齐全完整	真实有效	满足要求
	2	钢筋工程验收记录		102	齐全完整	真实有效	满足要求
	3	基础浇筑验收记录		102	齐全完整	真实有效	满足要求
	4	导线、地线压接验收记录		120	齐全完整	真实有效	满足要求
	5	接地线敷设验收记录		102	齐全完整	真实有效	满足要求
		合计		508			
四、工程质量验收记录	1	检验批工程质量验收记录		1405	齐全完整	真实有效	满足要求
	2	分项工程质量验收记录		23	齐全完整	真实有效	满足要求
	3	分部工程质量验收记录		6	齐全完整	真实有效	满足要求
	4	混凝土强度统计、评定记录		5	齐全完整	真实有效	满足要求
		合计		1439			
五、数码照片	1	材料设备进场检验、试件制作		107	齐全完整	真实有效	满足要求
	2	隐蔽工程		1148	齐全完整	真实有效	满足要求
		合计		1255			
六、工程质量事故及主要质量问题记录				0	无	无	无
核查结论		验收合格。					
建设单位： 项目经理：××× ×××年××月××日		监理单位： 总监理工程师：××× ×××年××月××日			施工单位： 项目经理：××× ×××年××月××日		

注 本表数据按 6 个分部工程汇总后统计。

* 代表本工程 1 标段。

3. 施工现场质量管理检查记录

表 A.11　施工现场质量管理检查记录

开工日期：××××年××月××日

单位工程名称					
建设单位			项目经理		
监理单位			总监理工程师		
设计单位			项目设总		
施工单位			项目经理	项目总工	

序号	项目	主要内容
1	现场质量管理制度	齐全有效
2	质量责任制	落实到人
3	主要专业工种操作上岗证书	齐全有效
4	分包方资格与对分包单位的管理制度	齐全有效
5	施工图审查情况	完成
6	施工组织设计、施工方案、质量检验计划及审批	各相关责任单位（人）审查手续完备
7	施工技术标准	齐全有效
8	工程质量检验制度	齐全有效
9	计量及测量设置	准确
10	现场材料、设备存放与管理	定制化
11	实验室资质及审查	实验室具备资质
12	其他	/
13		

检查结论：施工现场质量管理可控。

监理工程师：×××　　　　　总监理工程师：×××　　　　　××××年××月××日

注　本表在单位工程质量验收同时完成。

第三章 质 量 记 录

质量记录包含原始记录和隐蔽工程签证记录两类，作为阶段质量验收记录的支撑性表格，在施工中应根据各标段实际情况选填。本章包括 15 个原始记录、12 个隐蔽工程签证记录。

第一节 原 始 记 录

原始记录共计 15 个，需要在"检验批质量验收附件表（即表 A.2）"中填写的内容，应与"检验批质量验收记录"（即表 A.1）相对应，具体清单见表 6。

表 6 原 始 记 录 清 单

序号	分部工程	原始记录名称	表式
1	土石方工程	定位复测记录	线记 1
		交跨复测记录	线记 2
2	基础工程	地基验槽验收记录	线记 3
		钻孔灌注桩钻孔施工记录	线记 4
		钻孔灌注桩水下混凝土灌注记录	线记 5
		混凝土开盘鉴定施工记录	线记 6
		钢筋电弧焊施工检查记录	线记 7
		钢筋机械连接施工检查记录	线记 8
		大体积混凝土测温、养护记录	线记 9
		冬期施工混凝土搅拌测温记录	线记 10
		冬期施工混凝土工程养护测温记录	线记 11
3	接地工程	接地工程施工记录	线记 12
4	架线工程	风偏及对地开方距离记录	线记 13
		交叉跨越记录	线记 14
		光缆现场开盘测试记录	线记 15

1. 线记 1 定位复测记录

定位复测记录（线记 1）

编号：

工程名称						分部工程名称				**土石方**		
分项工程名称		**路径复测**				验收部位				N1～N102		
施工单位						项目经理						
分包单位						分包项目负责人						
杆塔定位桩			档距偏差（m）			地形凸起点高程（m）			桩位高程（m）			转角偏差或中心偏离		
塔号	桩号	是否转角	设计值	实测值	偏差值	设计值	实测值	偏差值	设计值	实测值	偏差值	设计值	实测值	偏差值
1	N1	**是**							40	40.1	0.1	15°	15°1′	1′
			400	402	2	40	40.1	0.1						
2	N2								40	40.1	0.1	/	/	/
3	⋮													
4														
5														
6														
7														
8														
9														
10														
11														
12														

施工负责人：**×××**　　　　　　记录人：**×××**　　　　　　日期：**××××**年**××**月**××**日

注　不同分包单位完成线路复测，应分别填写本表。

2. 线记 2 交跨复测记录

交跨复测记录（线记 2）

编号：

工程名称		分部工程名称	**土石方**
分项工程名称	**路径复测**	验收部位	N1～N2
施工单位		项目经理	
分包单位		分包项目负责人	

序号	前后杆塔号	复测描述	水平距离误差（m）			高程（控制点）误差（m）			
			参照点	实测值	偏差值	参照点	设计值	实测值	偏差值
1	N1～N2	220kV	**N1塔位中心桩**	120	1	**N1塔位中心桩**	200	199.6	0.4
2									
3									
4									
5									
6									
7									
8									
9									
10									
11									
12									

施工负责人：×××　　　　　　记录人：×××　　　　　　日期：××××年××月××日

注　不同分包单位完成线路复测，应分别填写本表。

3. 线记3 地基验槽验收记录

地基验槽验收记录（线记3）

编号：

工程名称		分部工程名称	基础工程
分项工程名称	原状土基础分坑及开挖	工程部位	N1 A腿
验槽日期		设计要求地质土层	
基槽底设计标高		实际地质土层	

定位尺寸情况： 　符合设计 地质土层及符合情况： 　符合设计 设计标高误差情况： 　符合设计	基底土质及各部位实际标高（附图）

验收结论：
符合设计要求，可以进行下道工序施工。

设计代表：××× ××××年××月××日	监理工程师：××× ××××年××月××日	施工质量专责：××× ××××年××月××日	班组质检员：××× ××××年××月××日

注　本表是在509号文中"表6.2.1地基验槽验收记录"基础上进行了调整，主要是简化了相关单位确认部分。

4. 线记 4　钻孔灌注桩钻孔施工记录

钻孔灌注桩钻孔施工记录（线记 4）

编号：

工程名称			分部工程	基础工程	分项工程	混凝土灌注桩基础施工	
施工部位	N11		监理单位		施工单位		
桩孔编号	A 腿		地面标高（m）		护筒顶标高（m）		设计孔径（mm）	
							设计孔深（m）	
护筒埋置深度			钻机机高		钻机编号		开孔日期	××××年××月××日
							终孔日期	××××年××月××日

钻头编号	钻头直径_____mm	钻头长度____m____cm	先导长度_____cm

日期	时间		工作内容	上余	钻孔进尺（m）		地质情况	泥浆比重	备注
	起	止			本次	累计			

钻具全长	主动钻杆长度：_____m，机高：_____m，钻孔长度：_____m，钻具全长：_____m，钻杆：_____

专业监理工程师：×××	班组质检员：×××	记录：×××
××××年××月××日	××××年××月××日	××××年××月××日

5. 线记 5 钻孔灌注桩水下混凝土灌注记录

钻孔灌注桩水下混凝土灌注记录（线记 5）

编号：

工程名称				监理 单位			施工 单位		
分部工程		*基础工程*		分项 工程	*混凝土灌注桩 基础施工*		施工 部位		*A 腿*
桩号		N11			设计桩径 ____cm	设计桩底 标高____m		实际桩底 标高____m	
护筒顶 标高		m	工作台 标高		m	桩底计算 深度	m	钢筋笼底计算深度 m	
混凝土要求灌至计算深度_____m				灌注起止 时间		年 月 日 时 分至 时 分			

检查 时间	导管深度 （m）	混凝土 车辆数	混凝土面 深度（m）	导管埋深 （m）	导管拆除节数 及长度		提管后埋深 （m）	备注
					节	m		

理论混凝土量		m³	充盈系数	
实际灌注量		m³	灌注时间	小时 分

专业监理工程师：×××	班组质检员：×××	记录：×××
××××年××月××日	××××年××月××日	××××年××月××日

6. 线记6 混凝土开盘鉴定施工记录

混凝土开盘鉴定施工记录（线记6）

编号：

工程名称				监理单位		
施工单位				搅拌方式		机搅机拌
强度等级	C25			要求坍落度（mm）		30～50
配合比编号				试配单位		
水灰比				砂率（%）		
材料名称	水泥	砂	石	水	外加剂	掺合料
每立方米用料（kg）						
调整后每盘用料（kg）	砂含水率 %，石含水率 %					

鉴定结果	鉴定项目	混凝土拌合物性能			混凝土试块抗压强度（MPa）	原材料与申请单是否相符
		坍落度	保水性	黏聚性		
	设计	30～50	/	/	30	相符
	实测	45	/	/		

鉴定结论：
现场制备混凝土满足设计要求。

专业监理工程师：×××　　　　　　　　　　　×××× 年 ×× 月 ×× 日	班组质检员：×××　　　　　　　　　　　×××× 年 ×× 月 ×× 日	班组长：×××　　　　　　　×××× 年 ×× 月 ×× 日

填写说明：采用商品混凝土无需填写该表。

7. 线记7 钢筋电弧焊施工检查记录

钢筋电弧焊施工检查记录（线记7）

编号：

工程名称					分部工程名称		基础工程
分项工程名称		开挖式基础施工（混凝土灌注桩基础施工、原状土基础施工、锚筋基础施工）			验收部位		N1 A腿
施工单位					项目经理		
分包单位					分包项目负责人		

类别	序号	检查项目	质量标准	单位	检查记录	检查结果
主控项目	1	焊工技能	从事钢筋焊接施工的焊工必须持有焊工考试合格证，才能上岗操作		焊工证编号： 1. 张三 ××××××× 2. 李四 ×××××××	满足要求
	2	钢筋级别	必须符合设计要求及现行有关标准的规定		φ20mm φ22mm ……	合格
	3	焊条的品种、性能、牌号	必须符合设计要求及现行有关标准的规定		焊条1 ××××	合格
	4	焊前试焊	模拟施工条件试焊必须合格		试焊1：φ20mm 试焊2：φ22mm ……	合格
	5	钢筋焊接接头的机械性能	必须符合《钢筋焊接及验收规程》（JGJ 18—2012）的规定		φ20mm：试验报告编号：×××× φ22mm：试验报告编号：×××× ……	合格
	6	焊接头布置及数量	同一连接区段内纵向受力钢筋的接头面积百分率应符合设计要求，并不应大于50%		同一连接区段内纵向受力钢筋的接头面积百分率，小于50%	合格
一般项目	1	接头焊缝外观质量	接头处无裂纹、气孔、夹渣、咬边深度不大于0.5mm；焊缝表面无较大凹陷、焊瘤		接头焊缝表面无较大凹陷、焊瘤	合格

类别	序号	检查项目	质量标准	单位	检查记录	检查结果
一般项目	2	帮条沿接头中心线的纵向偏移	≤0.3d	mm	小于 0.25d	合格
	3	接头处弯折	≤2	（°）	小于 1°	合格
	4	帮条焊、搭接焊焊缝长度偏差	−0.3d	mm		
	5	坡口焊熔槽帮条焊焊缝加强高	2～3	mm		

备注	d 为钢筋直径
检查结论	合格。
施工单位	班组长：✗✗✗ 班组质检员：✗✗✗ 项目部质检员：✗✗✗ ✗✗✗✗年✗✗月✗✗日
监理单位	监理员：✗✗✗ 专业监理工程师：✗✗✗ ✗✗✗✗年✗✗月✗✗日

填写说明：

1. 适用范围及要求：该表适用于钢筋电弧焊接。

2. 检查数量。

（1）主控项目：

1）钢筋焊接接头力学性能应按现行有关规定确定。

2）其他主控项目应全数检查。

（2）一般项目：接头位置和外观质量应全数检查。

3. 按同一焊工完成 300 个同牌号钢筋、同型式接头作为一个检查批；当不足 300 个时，仍按一批计。

4. "检查记录"应填写检测后最大偏差值或超范围的所有数据。

8. 线记 8 钢筋机械连接施工检查记录

钢筋机械连接施工检查记录（线记 8）

编号：

工程名称				分部工程名称		*基础工程*
分项工程名称		*开挖式基础施工（混凝土灌注桩基础施工、原状土基础施工、锚筋基础施工）*		验收部位		*N1 A 腿*
施工单位				项目经理		
分包单位				分包项目负责人		

类别	序号	检查项目		质量标准		单位	检查记录	检查结果
主控项目	1	钢筋、连接材料的品种、性能、牌号		钢筋应有质量证明书；连接材料应有产品合格证；钢筋、连接材料质量应符合设计和现行有关标准的规定			质量证明书（合格证）编号： *⎞28：××××* ……	合格
	2	钢筋连接接头的力学性能检验		应符合《钢筋机械连接技术规程》（JGJ 107—2016）的规定			*钢筋连接接头的力学性能报告编号* *⎞28：××××* ……	合格
	3	型式检验报告		工程中应用钢筋机械连接接头时，应由该技术提供单位提交有效的型式检验报告			*型式检验报告编号* *⎞28：××××* ……	合格
	4	工艺检验		钢筋连接工程开始前及施工中，应对每批进场钢筋进行接头工艺检验，其抗拉强度、残余变形应符合现行规程、规范的要求			*钢筋工艺检验报告编号* *⎞28：××××* …….	合格
	5	直螺纹加工	丝头牙形	钢筋端头应切平后加工丝牙，牙形饱满，无断牙、秃牙缺陷，且与牙形规的牙形吻合，牙形表面光洁			*⎞28：牙形饱满，无断牙、秃牙缺陷* ……	合格
			丝头螺纹长度	不应小于 1/2 套筒长度			*⎞28：大于 1/2 套筒长度 2p* ……	合格
	6	直螺纹接头		钢筋直径（mm）	接头拧紧力矩	N·m		
				≤16	100		/	
				18～20	200		/	

续表

类别	序号	检查项目	质量标准		单位	检查记录	检查结果
主控项目	6	直螺纹接头	钢筋直径（mm）	接头拧紧力矩	N·m		
			22～25	260		/	
			28～32	320		ф28：320	合格
			36～40	360		/	
	7	直螺纹接头	钢筋与连接套的规格一致，外露有效丝扣牙数在2牙之内			连接后套筒外露丝扣2牙	合格
备注			p为螺矩				
检查结论			合格。				
施工单位			班组长：××× 班组质检员：××× 项目部质检员：×××				××××年××月××日
监理单位			监理员：××× 专业监理工程师：×××				××××年××月××日

填写说明：

1. 适用范围及要求：该表适用于钢筋机械连接。

2. 检查数量。

（1）主控项目：

1）钢筋机械连接工艺检验应按现行有关规定确定；

2）其他主控项目应全数检查。

（2）一般项目：直螺纹加工、接头外观质量应全数检查。

3. 按同一施工条件下同钢筋生产商、同强度等级、同型式、同规格的500个钢筋接头作为一个检查批次，不足500个也作为一个批次。

4. "检查记录"应填写检测后最大偏差值或超范围的所有数据。

9. 线记9 大体积混凝土测温、养护记录

大体积混凝土测温、养护记录（线记9）

编号：

工程名称		分部工程名称		
分项工程名称		工程部位		N1 A腿
砼强度等级		配合比编号		砼数量（m³）	
砼浇灌日期		砼浇灌温度（℃）		开始养护温度（℃）	

测温时间		气温（℃）	各测点温度（℃）														备注
（年、月、日）	（时、分）		1			2			3			4			5		
			表	中	底	表	中	底	表	中	底	表	中	底	表	中	底	

项目总工：×××
项目质检员：×××
测温员：×××

测温仪名称及计量编号

填写说明：基础混凝土是否属于大体积混凝土由设计确定。

174

10. 线记 10 冬期施工混凝土搅拌测温记录

冬期施工混凝土搅拌测温记录（线记 10）

编号：

单位工程名称		施工部位	N1 塔 A 腿	搅拌机编号	
砼强度等级	C25	坍落度（mm）	30 ~ 50	运行班次	
水泥牌号、品种、标号	P.O 42.5	外加剂品种		配合比编号	

测温时间		气温（℃）	原材料温度（℃）				出罐温度（℃）	入模温度（℃）	备注
年、月、日	时、分		水泥	砂	石	水			
2020 年 2 月 15 日	9:20	1	1	10	10	20	10	5	

项目总工：××× 项目质检员：××× 测温员：×××		测温仪名称及计量编号	

11. 线记 11 冬期施工混凝土工程养护测温记录

冬期施工混凝土工程养护测温记录（线记 11）

编号：

工程名称			塔位/腿	N1 塔 A 腿			养护方法		覆盖法										
测温时间		大气温度（℃）	各测孔温度（℃）														平均温度（℃）	间隔时间（h）	成熟度（M）	
年、月、日	时、分		1	2	3	4	5	6	7	8	9	10	11	12	13	14			本次	累计
2020 年 2 月 15 日	9:00	0 ~ 5	1	4	4	/	/	/	/	/	/	/	/	/	/	/	3	8	3	3
2020 年 2 月 16 日	9:00	0 ~ 5	0	3	3	/	/	/	/	/	/	/	/	/	/	/	2	8	2	5

项目总工：××× 项目质检员：××× 测温员：×××	测温仪名称及计量编号	

填写说明：当室外日平均气温连续 5 天稳定低于 5℃ 即进入冬期施工。

175

12. 线记 12　接地工程施工记录

接 地 工 程 施 工 记 录（线记 12）

编号：

桩号	N1	接地型式及图纸编号		施工日期		项目经理		现场负责人	
				完工日期					

接地施工布置图：						接地体材料清册		
						名称	规格	数量
						镀锌圆钢	$\phi 12mm$	200
						铜覆钢	$\phi 10mm$	200
						铜棒	/	/
						接地模块	/	/
						铜棒埋深		
						1	2	3	4	5	6	7	8
						/	/	/	/	/	/	/	/
						接地模块埋深		
						1	2	3	4	5	6	7	8
						/	/	/	/	/	/	/	/

施工阶段注意事项：
（1）接地体规格、型号、尺寸与设计值相符，表面检查接地圆钢完好，无破损。　　　　□
（2）接地体的连接工艺符合设计要求，镀锌圆钢必须采用焊接；有色金属接地线可以采用螺栓、压接、放热焊接方式连接。　　　　□
（3）接地线与铁塔连接可靠，按设计要求做好防松措施（棘轮型防卸螺帽/防松垫片/防松螺母等）。　　　　□
（4）接地沟回填密实，若有腐殖质应清除。　　　　□
（5）接地沟回填后应设置防沉层。　　　　□
（6）山区接地线无法按等高线铺设时，爬坡部分接地线的覆土应避免雨水、山洪、溪流等的冲刷。　□

需要说明的事项：

填写说明：

1. 本表用于接地工程施工记录，包含接地沟开挖、接地孔钻孔、接地体敷设与连接、接地沟回填等。

2. "接地施工布置图"应手绘现场接地体的平面图，记录接地边框与基础底板的间距、每根接地线长度、接地模块与铜棒的大致埋设方位，其中每一处接地模块、铜棒的位置都应以数字1、2、3等加以区分，并在右侧的"接地体材料清册"中注明其埋深、数量等信息，空格不够的可在表中增加列。

3. "接地体材料清册"中给出了较为常用的接地体名称，若设计有新增接地体，可在表中增加行。

4. "施工阶段注意事项"用于提醒施工人员，每完成一项应在"□"内打"√"。

5. 若施工中存在需要记录的其他信息，可填在"需要说明的事项"中。

13. 线记 13 风偏及对地开方距离记录

风偏及对地开方距离记录（线记 13）

编号：

工程名称								
位置	档距（m）	项目	距最近杆塔距离（m）	测量对地距离（m）	测量时温度（℃）	换算到最大弧垂时对地距离（m）	设计标准（允许净距）（m）	备注
N5～N6	500	地面	100	21.25	25	19.85	18.00	农业耕作区
N ～N								
N ～N								
N ～N								
N ～N								
N ～N								
备注								
施工单位检查确认	项目总工：×××　　　　　项目部质检员：×××　　　　　班组长：×××							

填写说明：

1. 设计要求的开方或削坡点，或对地距离与 Q/GDW 10115—2022 要求较接近时进行复测并填写此表。

2. 在最大计算弧垂情况下，导线对地面最小距离不应小于下表的要求：

（m）

线路经过地区	对应线路标称电压等级（kV）									备注
	35～110	220	330	500	750	±800		1000		
						水平V形串	水平I形串	单回路	同塔双回路（逆相许）	
居民区	7.0	7.5	8.5	14	19.5	21.0	21.5	27	25	
非居民区	6.0	6.5	7.5	11 (10.5)	15.5 (13.7)	18.0	18.5	22	21	农业耕作区
						16.0	17.0	19	18	非农业耕作区
交通困难地区	5.0	5.5	6.5	8.5	11.0	15.5		15		

3. 在最大计算风偏情况下，导线与山坡、峭壁、岩石之间的最小净空距离不应小于下表的要求：

（m）

线路经过地区	对应线路标称电压等级（kV）						
	35～110	220	330	500	750	±800	1000
步行可到达的山坡	5.0	5.5	6.5	8.5	11.0	13.0	13.0
步行不能到达的山坡、峭壁、岩石	3.0	4.0	5.0	6.5	8.5	11.0	11.0

4. 在最大计算弧垂情况下，导线对树木（考虑自然生长高度）最小垂直距离不应小于下表的要求：

标称电压（kV）	35～110	220	330	500	750	±800	1000
垂直距离（m）	4.0	4.5	5.5	7.0	8.5	13.5	14

5. 在最大计算风偏情况下，输电线路通过公园、绿化区域或防护林带，导线与树木之间的最小净空距离不应小于下表的要求：

标称电压（kV）	35～110	220	330	500	750	±800	1000
净空距离（m）	3.5	4.0	5.0	7.0	8.5	13.5	10

14. 线记 14　交叉跨越记录

交 叉 跨 越 记 录（线记 14）

编号：

工程名称										
跨越塔号	跨越档距（m）	被跨越物名称	距最近杆塔塔号及距离（m）	交叉角（°）	交叉点净距（m）	测量时温度（℃）	换算到最高温度时的净距/温度（m/℃）	允许净距（m）	测量人	备注
N5～N6	344	220kV 电力线路	N5/28	36°46′	21	30	18/40	15	张三	
N ～N										
N ～N										
N ～N										
N ～N										
备注										
施工单位检查确认	项目总工：×××　　　　　　项目部质检员：×××　　　　　　班组长：×××									

填写说明：

1. 输电线路与铁路、公路、河流、管道、索道及各种架空线路交叉跨越的应进行复测并填写此表。

2. 在最大计算弧垂情况下，导线与各类常见的跨越物之间最小距离不应小于下表的要求：

项目				公路	通航河流	不通航河流	弱电线路	电力线路	特殊管道	索道
	标称电压（kV）	铁路		至路面	至5年一遇洪水位	冬季至冰面	至被跨越物	至被跨越物	至管道	至索道
		至轨顶	至承力索或接触线							
		标准轨	电气轨								
最小垂直距离（m）	35～110	7.5	11.5	3.0	7.0	6.0	6.0	3.0	3.0	4.0	3.0
	220	8.5	12.5	4.0	8.0	7.0	6.5	4.0	4.0	5.0	4.0
	330	9.5	13.5	5.0	9.0	8.0	7.5	5.0	5.0	6.0	5.0
	500	14.0	16.0	6.0	14.0	9.5	11.0	8.5	8.5	7.5	6.5
	750	19.5	21.5	7.0（10.0）	19.5	11.5	15.5	12.0	12.0	9.5	8.5
	±800	21.5	21.5	15.0	21.5	15.0	18.0	17.0	15.0	17.0	12.5
	1000	27.0		16.0	27.0	14.0	22.0	18.0	16.0	18	

3. 在最大计算弧垂情况下，导线与建筑物之间最小垂直距离不应小于下表的要求：

标称电压（kV）	35～110	220	330	500	750	1000	±800
垂直距离（m）	5.0	6.0	7.0	9.0	11.5	15.5	16.0

4. 在最大计算风偏情况下，输电线路边线与建筑物的最小净空距离不应小于下表的要求：

标称电压（kV）	35～110	220	330	500	750	1000	±800
净空距离（m）	4.0	5.0	6.0	8.5	11.0	15.0	15.5

5. 在无风情况下，边导线与建筑物之间的最小水平距离不应小于下表的要求：

标称电压（kV）	35～110	220	330	500	750	1000	±800
水平距离（m）	2.0	2.5	3.0	5.0	6.0	7.0	7.0

6. 以上表格中所列的为常用数据，有疑问或表格所列以外的安全距离要求请查阅相应的验收规范。

15. 线记 15 光缆现场开盘测试记录

光缆现场开盘测试记录（线记 15）

编号：

工程名称							
生产厂家			光缆盘号		光纤芯数		测试波长（μm）
标称长度（m）			实测长度（m）		测试地点		测试温度（℃）

纤芯序号	纤芯色别	纤芯衰减（dB/km）		纤芯序号	纤芯色别	纤芯衰减（dB/km）	
		允许值	实测值			允许值	实测值
1				21			
2				22			
3				23			
4				24			
5				25			
6				26			
7				27			
8				28			
9				29			
10				30			
11				31			
12				32			
13				33			
14				34			
15				35			
16				36			
17				37			
18				38			
19				39			
20				40			
备注							

项目部质检员：×××　　　测试人：×××　　　××××年××月××日

第二节 隐蔽工程签证记录

隐蔽工程签证记录共计 12 个，应与"分项工程质量验收记录"相对应，在施工中根据各标段实际情况选填，且需要在"分项工程质量验收记录"（即表 A.3）的"说明"中填写相应内容，具体清单见表 7。

表 7　隐蔽工程签证记录清单

序号	分部工程	隐蔽工程签证记录名称	表式
1	土石方	隐蔽工程（基坑验槽）签证记录	线隐 1
		隐蔽工程（岩石锚杆基础）签证记录	线隐 2
2	基础	隐蔽工程（基础支模）签证记录	线隐 3
		隐蔽工程（直螺纹连接）签证记录	线隐 4
		隐蔽工程（基础浇筑）签证记录	线隐 5
		隐蔽工程（基础拆模、回填）签证记录	线隐 6
		隐蔽工程（灌注桩）签证记录	线隐 7
		隐蔽工程［灌注桩基础承台（连梁）］签证记录	线隐 8
		隐蔽工程（基础防腐处理）签证记录	线隐 9
3	接地	隐蔽工程（接地线埋设）签证记录	线隐 10
4	架线	隐蔽工程［导线、地线耐张（引流）液压］签证记录	线隐 11
		隐蔽工程（导线、地线直线液压）签证记录	线隐 12

1. 线隐1 隐蔽工程（基坑验槽）签证记录

隐蔽工程（基坑验槽）签证记录（线隐1）

工程名称： 　　　　　　　　　　　　　　　　　　　　编号：

×××××××××××××监理部：

　　××标段××××号基础，基础型号（A：××××、B：××××、C：××××、D：××××），降基面（−0.00m），现已完成基坑开挖工作，请检查。

A 腿项目部专职质检员：××× 　　　　施工队质检员：××× 　　　　××××年××月××日
B 腿项目部专职质检员：××× 　　　　施工队质检员：××× 　　　　××××年××月××日
C 腿项目部专职质检员：××× 　　　　施工队质检员：××× 　　　　××××年××月××日
D 腿项目部专职质检员：××× 　　　　施工队质检员：××× 　　　　××××年××月××日

　　以下内容由项目部质检员填写，监理工程师现场检查签证：

序号	检查项目	设计要求				检查结果			
		A	B	C	D	A	B	C	D
1	地质情况	粉质黏土、圆砾、泥岩	粉质黏土、圆砾、泥岩	粉质黏土、圆砾、泥岩	粉质黏土、圆砾、泥岩	符合设计要求	符合设计要求	符合设计要求	符合设计要求
2	坑深尺寸（不允许有负偏差）（mm）	7000	7000	7000	7000	7020	7010	7020	7010
3	孔口直径（mm）	$\phi1200$	$\phi1200$	$\phi1200$	$\phi1200$	$\phi1210$	$\phi1208$	$\phi1210$	$\phi1212$
4	坑底尺寸（mm）	$\phi3400$	$\phi3400$	$\phi3400$	$\phi3400$	$\phi3412$	$\phi3402$	$\phi3410$	$\phi3410$

A	B	C	D
设计代表：××× 　　××××年××月××日	设计代表：××× 　　××××年××月××日	设计代表：××× 　　××××年××月××日	设计代表：××× 　　××××年××月××日
监理意见： 　　符合设计及规范要求，同意下道工序施工。 监理工程师：××× 　　××××年××月××日	监理意见： 　　符合设计及规范要求，同意下道工序施工。 监理工程师：××× 　　××××年××月××日	监理意见： 　　符合设计及规范要求，同意下道工序施工。 监理工程师：××× 　　××××年××月××日	监理意见： 　　符合设计及规范要求，同意下道工序施工。 监理工程师：××× 　　××××年××月××日

2. 线隐2 隐蔽工程（岩石锚杆基础）签证记录

隐蔽工程（岩石锚杆基础）签证记录（线隐2）

工程名称：　　　　　　　　　　　　　　　　　　编号：

| ×××××××××××××监理部：
　　××标段××××号基础，××腿，基础型号××××，现已完成基坑开挖工作，请检查。
a腿项目部专职质检员：×××　　　　　施工队质检员：×××　　　　　××××年××月××日
b腿项目部专职质检员：×××　　　　　施工队质检员：×××　　　　　××××年××月××日
c腿项目部专职质检员：×××　　　　　施工队质检员：×××　　　　　××××年××月××日
d腿项目部专职质检员：×××　　　　　施工队质检员：×××　　　　　××××年××月××日
　　以下内容由项目部质检员填写，监理工程师现场检查签证： |||||||||||

序号	检查项目	设计值				检查标准	检查结果			
		a	b	c	d		a	b	c	d
1	地质情况	中凤化花岗岩	中凤化花岗岩	中凤化花岗岩	中凤化花岗岩	符合设计	中凤化花岗岩	中凤化花岗岩	中凤化花岗岩	中凤化花岗岩
2	孔径（mm）	120	120	120	120	+10mm，0	122	122	122	121
3	孔深H（mm）	4000	4000	4000	4000	+100mm，0	4010	4010	4010	4010
4	垂直度	0	0	0	0	1%H	20	20	20	20
5	孔间距（mm）	320	320	320	320	±1%	322	322	322	322
6	孔内壁清洁度	/	/	/	/	孔洞中的石粉、浮土及孔壁松散的活石应清除干净	符合要求	符合要求	符合要求	符合要求

a	b	c	d
设计代表：××× 　××××年××月××日	设计代表：××× 　××××年××月××日	设计代表：××× 　××××年××月××日	设计代表：××× 　××××年××月××日
监理意见： 　　符合设计及规范要求，同意下道工序施工。 监理工程师：××× 　××××年××月××日	监理意见： 　　符合设计及规范要求，同意下道工序施工。 监理工程师：××× 　××××年××月××日	监理意见： 　　符合设计及规范要求，同意下道工序施工。 监理工程师：××× 　××××年××月××日	监理意见： 　　符合设计及规范要求，同意下道工序施工。 监理工程师：××× 　××××年××月××日

3. 线隐 3　隐蔽工程（基础支模）签证记录

隐蔽工程（基础支模）签证记录（线隐 3）

工程名称：　　　　　　　　　　　　　　　　　　　　　编号：

×××××××××××××监理部：
　　××标段××××号基础，基础型号（A：××××、B：××××、C：××××、D：××××），
降基面（−0.00m），基础钢筋数量、规格、绑扎、支模各种尺寸均符合设计数据，砂、石、水泥、水和
施工工器具均已准备齐全，具备浇制条件，请检查。设计变更：无。
A 腿项目部专职质检员：×××　　　　　施工队质检员：×××　　　　　××××年××月××日
B 腿项目部专职质检员：×××　　　　　施工队质检员：×××　　　　　××××年××月××日
C 腿项目部专职质检员：×××　　　　　施工队质检员：×××　　　　　××××年××月××日
D 腿项目部专职质检员：×××　　　　　施工队质检员：×××　　　　　××××年××月××日
　　以下内容由项目部质检员填写，监理工程师现场检查签证：

序号	监理检查内容	标准		检查结果（mm）			
		允许误差（mm）		A	B	C	D
1	坑深尺寸（mm）	+100、−50	设计值	5800	5800	5800	5800
			实测值	5820	5820	5820	5820
2	立柱、各底座断面尺寸（mm）	立柱：−1%	设计值	1400 × 1400	1400 × 1400	1400 × 1400	1400 × 1400
			实测值	1395 × 1395	1395 × 1395	1395 × 1395	1395 × 1395
		底座：−1%	设计值	5400 × 5400	5400 × 5400	5400 × 5400	5400 × 5400
			实测值	5396 × 5396	5396 × 5396	5396 × 5396	5396 × 5396
		⋮					
3	地脚螺栓或插入角钢、主筋等规格、长度（mm）、数量	地脚螺栓或插入角钢	设计值	M72 × 1600 × 8	M72 × 1600 × 8	M72 × 1600 × 8	M72 × 1600 × 8
			实测值	M72 × 1600 × 8	M72 × 1600 × 8	M72 × 1600 × 8	M72 × 1600 × 8
		主筋 ±10	设计值	$\phi 32 × 6000 × 8$	$\phi 32 × 6000 × 8$	$\phi 32 × 6000 × 8$	$\phi 32 × 6000 × 8$
			实测值	$\phi 32 × 6000 × 8$	$\phi 32 × 6000 × 8$	$\phi 32 × 6000 × 8$	$\phi 32 × 6000 × 8$
		⋮					
		箍筋 ±10	设计值	$\phi 12 × 1400 × 8$	$\phi 12 × 1400 × 8$	$\phi 12 × 1400 × 8$	$\phi 12 × 1400 × 8$
			实测值	$\phi 12 × 1400 × 8$	$\phi 12 × 1400 × 8$	$\phi 12 × 1400 × 8$	$\phi 12 × 1400 × 8$
		⋮					
		底板筋	设计值	$\phi 16 × 5500 × 34$	$\phi 16 × 5500 × 34$	$\phi 16 × 5500 × 34$	$\phi 16 × 5500 × 34$
			实测值	$\phi 16 × 5500 × 34$	$\phi 16 × 5500 × 34$	$\phi 16 × 5500 × 34$	$\phi 16 × 5500 × 34$
		⋮					

续表

序号	监理检查内容	标准		检查结果（mm）			
		允许误差（mm）		A	B	C	D
3	地脚螺栓或插入角钢、主筋等规格、长度（mm）、数量	台阶筋	设计值	$\phi16\times3500\times20$	$\phi16\times3500\times20$	$\phi16\times3500\times20$	$\phi16\times3500\times20$
			实测值	$\phi16\times3500\times20$	$\phi16\times3500\times20$	$\phi16\times3500\times20$	$\phi16\times3500\times20$
		⋮					
4	地脚螺栓及钢筋绑扎尺寸（mm）	主筋：±5 箍筋：±10		符合规范	符合规范	符合规范	符合规范
5	地脚螺栓露出基面高度（mm）	+10、−5	设计值	180	180	180	180
			实测值	186	186	188	185
6	钢筋保护层厚度（mm）	−5	设计值	70	70	70	70
			实测值	68	69	69	68
7	地脚螺栓小根开（mm）	±2	设计值	240	240	240	240
			实测值	241	241	241	241
8	模板支撑质量	牢固可靠		牢固可靠	牢固可靠	牢固可靠	牢固可靠
9	钢筋表面质量	干净、平直		干净、平直	干净、平直	干净、平直	干净、平直
10	坑口、坑底清理	坑口边0.8m内无积土坑底无杂土、杂物		符合要求	符合要求	符合要求	符合要求
11	焊接（连接）钢筋检查	避开受力最大处，错开布置		符合规范要求	符合规范要求	符合规范要求	符合规范要求

序号	监理检查内容	标准 允许误差（mm）			检查结果（mm）					
12	坑中心根开、对角线尺寸（mm）	螺栓式±2‰ 插入式±1‰	设计值	AB	BC	CD	DA	AC	BD	
				8800	8800	8800	8800	13000	13000	
		高塔±0.7‰	实测值	8801	8802	8801	8800	13003	13002	

注　1. 高塔是指按大跨越设计且塔全高在100m以上的铁塔。
　　2. 不等高基础以两个半根开和两个半对角线表示。

A腿监理意见： 合格，同意浇筑。 监理工程师：××× 　　××××年××月××日	B腿监理意见： 合格，同意浇筑。 监理工程师：××× 　　××××年××月××日	C腿监理意见： 合格，同意浇筑。 监理工程师：××× 　　××××年××月××日	D腿监理意见： 合格，同意浇筑。 监理工程师：××× 　　××××年××月××日

4. 线隐 4　隐蔽工程（直螺纹连接）签证记录

隐蔽工程（直螺纹连接）签证记录（线隐 4）

工程名称：　　　　　　　　　　　　　　　　　　　设计桩号：

本表不可单独使用，是基础支模（含灌注桩）隐蔽工程中钢筋连接检查的附表。

以下内容由项目部质检员填写，监理工程师现场检查签证：

序号	检查项目	设计（或规范）要求			检查标准	检查结果				
						规格	A	B	C	D
1	套筒外观质量	直螺纹标准型套筒满足规范要求			符合《钢筋机械连接用套筒》（JG/T 163—2013）第 5.2.1、5.3.1 条要求	Φ28	满足规范要求	满足规范要求	满足规范要求	满足规范要求
2	钢筋端头	已切平			符合《钢筋机械连接技术规程》（JGJ 107—2016）第 6.2.1.1 条要求	Φ28	已切平	已切平	已切平	已切平
3	钢筋丝头长度	$0 \leq L \leq 2p$（p 为螺距）			符合《钢筋机械连接技术规程》（JGJ 107—2016）第 6.2.1.3 条要求	Φ28	$2p$	$1.5p$	$1.5p$	$1.5p$
4	钢筋丝头精度	满足 6f 级精度			符合《钢筋机械连接技术规程》（JGJ 107—2016）第 6.2.1.4 条要求	Φ28	满足要求	满足要求	满足要求	满足要求
5	安装后接头外露螺纹	不超过 $2p$（p 为螺距）			符合《钢筋机械连接技术规程》（JGJ 107—2016）第 6.3.1.1 条要求	Φ28	不超过 $2p$	不超过 $2p$	不超过 $2p$	不超过 $2p$
6	拧紧扭矩（N·m）	钢筋直径（mm）	≤16	18～20	22～25	符合《钢筋机械连接技术规程》（JGJ 107—2016）第 6.3.1.2 条要求	Φ28				
		拧紧扭矩	100	200	260						
		钢筋直径	28～32	36～40	50						
		拧紧扭矩	320	360	460						

A 腿监理意见： 合格，同意使用。 监理工程师：××× 　×××× 年 ×× 月 ×× 日	B 腿监理意见： 合格，同意使用。 监理工程师：××× 　×××× 年 ×× 月 ×× 日	C 腿监理意见： 合格，同意使用。 监理工程师：××× 　×××× 年 ×× 月 ×× 日	D 腿监理意见： 合格，同意使用。 监理工程师：××× 　×××× 年 ×× 月 ×× 日

5. 线隐 5　隐蔽工程（基础浇筑）签证记录

隐蔽工程（基础浇筑）签证记录（线隐 5）

工程名称：　　　　　　　　　　　　　　　　　　　　　　编号：

××××××××××××××监理部：

××标段××××号基础，基础型号（A：××××、B：××××、C：××××、D：××××），降基面（−0.00m）。（基础浇筑前、支模）签证工作已由××监理工程师检查合格。以下进行浇制请现场监督检查。

A 腿项目部专职质检员：×××　　　　　施工队质检员：×××　　　　　××××年××月××日
B 腿项目部专职质检员：×××　　　　　施工队质检员：×××　　　　　××××年××月××日
C 腿项目部专职质检员：×××　　　　　施工队质检员：×××　　　　　××××年××月××日
D 腿项目部专职质检员：×××　　　　　施工队质检员：×××　　　　　××××年××月××日

以下内容由项目部质检员填写，监理工程师现场检查签证：

序号	监理检查内容	标准		检查结果			
				A	B	C	D
1	砼配合比（单盘重）：水泥/砂/石/水（kg）	强度C40	水泥	××/××	××/××	××/××	××/××
			砂	××/××	××/××	××/××	××/××
			石	××/××	××/××	××/××	××/××
			水	××/××	××/××	××/××	××/××
2	坍落度（mm）	35～50	试配值35～50	××	××	××	××
				××	××	××	××
				××	××	××	××
3	搅拌、振捣方式	机拌、机捣		机拌、机捣	机拌、机捣	机拌、机捣	机拌、机捣
4	试块制作	数量按照工程施工工艺统一规定执行		按规定制作并标准养护	按规定制作并标准养护	按规定制作并标准养护	按规定制作并标准养护

A 腿监理意见：符合要求。 监理工程师：××× ××××年××月××日	B 腿监理意见：符合要求。 监理工程师：××× ××××年××月××日	C 腿监理意见：符合要求。 监理工程师：××× ××××年××月××日	D 腿监理意见：符合要求。 监理工程师：××× ××××年××月××日

6. 线隐6 隐蔽工程（基础拆模、回填）签证记录

隐蔽工程（基础拆模、回填）签证记录（线隐6）

工程名称：　　　　　　　　　　　　　　　　　　　　　编号：

××××××××××××监理部： 　　××标段××××号基础，基础型号（A：××××、B：××××、C：××××、D：××××）， 降基面（−0.00m），（基础浇筑）签证工作已由×××监理工程师检查合格。以下进行拆模工作，请现场 监督检查。					

A腿项目部专职质检员：×××　　　施工队质检员：×××　　　××××年××月××日
B腿项目部专职质检员：×××　　　施工队质检员：×××　　　××××年××月××日
C腿项目部专职质检员：×××　　　施工队质检员：×××　　　××××年××月××日
D腿项目部专职质检员：×××　　　施工队质检员：×××　　　××××年××月××日

以下内容由项目部质检员填写，监理工程师现场检查签证：

序号	检查内容	允许误差	设计值/实测值	A	B	C	D
1	立柱断面尺寸（mm）	−1%	设计值	1200×1200	1200×1200	1200×1200	1200×1200
			实测值	1204×1206	1207×1200	1210×1207	1206×1205
2	各底座断面尺寸（mm）	−1%	设计值	5400×5400	5400×5400	5400×5400	5400×5400
			实测值	5400×5400	5400×5400	5400×5400	5400×5400
			⋮				
3	地角螺栓或插入角钢露出基面高度（mm）	+10、−5	设计值				
			实测值				
4	地脚螺栓小根开（mm）	±2	设计值	360×360	360×360	360×360	360×360
			实测值	362×361	361×360	362×361	361×360
5	砼表面质量	符合规定、表面平整		表面平整	表面平整	表面平整	表面平整
6	整基基础扭转（′）	10					
7	整基基础中心位移（mm）	顺线路:30					
		横线路:30					
8	同组地脚螺栓中心或插入角钢形心对立柱中心偏移（mm）	10					
9	基础顶面或主角钢操平印记间高差（mm）*	5					

10	基础根开、对角线尺寸（mm）	螺栓式±2‰ 插入式±1‰ 高塔±0.7‰	设计值	AB	BC	CD	DA	AC	BD
			实测值						

11	回填土	清除坑内积水后进行，先生土后熟土回填，每回填300mm夯实一次。石坑回填大石应破碎。回填土高于地面300～500mm	满足规程要求	满足规程要求	满足规程要求	满足规程要求

A腿监理意见： 合格，同意隐蔽。 监理工程师：××× 　××××年××月××日	B腿监理意见： 合格，同意隐蔽。 监理工程师：××× 　××××年××月××日	C腿监理意见： 合格，同意隐蔽。 监理工程师：××× 　××××年××月××日	D腿监理意见： 合格，同意隐蔽。 监理工程师：××× 　××××年××月××日

* 应考虑基础高低腿配置及转角塔基础预留高工况。

7. 线隐 7 隐蔽工程（灌注桩）签证记录

隐蔽工程（灌注桩）签证记录（线隐 7）

工程名称：   编号：

×××××××××××监理部： ×× 标段 ×××× 号基础施工准备工作现已完成，经自检合格，请现场检查监督签证。 项目部专职质检员：××× 施工队质检员：××× ××××年××月××日 以下内容由项目部质检员填写，监理工程师现场检查签证：							

桩号	××××	塔型	×××-××	腿号	A	施工日期	××××年××月××日
		基础型号	×××-××	群桩腿号	A-1	检查日期	××××年××月××日

泥浆比重	1.1～1.15	导管直径（mm）	ϕ00	地面标高（m）	0
设计桩顶标高（m）	1.5	设计桩底标高（m）	−14.1	设计孔深（m）	14.1
实际孔深（m）	14.12	设计桩长（m）	9.3	实灌桩长（m）	9.3
砼距孔口（m）	3	砼设计量（m³）		砼实灌量（m³）	

序号	检查（检验）项目		质量标准（允许偏差）	检查结果
1	桩深（m）		设计值：14.1 实际值：≥设计值	14.12
2	桩孔垂直度（%）		＜1%桩长	
3	桩径（mm）		泥浆护壁±50/干孔−20	
4	沉渣厚度（mm）		≤100	100
5	清孔		符合设计要求	符合设计要求
6	配合比		水泥/砂/石/水 (kg)（每盘重）	
7	坍落度（mm）		160～220	
8	钢筋笼	柱主筋	设计值：ϕ18×13000×40	ϕ18×13000×40
		柱外钢筋	设计值：ϕ8×3000×110	ϕ8×3000×110
		柱内钢筋	设计值：ϕ14×5000×10	ϕ14×5000×10
		焊接（连接）钢筋检查	满足设计及 GB 50204 规定，且同一连接区段内不大于 50%	满足设计及规范要求
9	桩体钢筋保护层厚度（mm）	水下	−20	−11
		非水下	−10	−5
10	桩间偏移（mm）		D＜1000:70；D≥1000:100 干成孔：70	40
11	充盈系数❶（a）		一般土≥1	
			软土≥1.1	
12	试块制作		数量按照工程施工工艺统一规定执行	*按规定制作并标准养护*

监理意见：
　　合格，同意浇筑。

　　　　　　　　　　　　　　　　　　监理工程师：×××　　　　　　××××年××月××日

注　D 为桩径。

---

❶ 充盈系数是指实际灌注量与设计桩深直径计算体积之比。

8. 线隐 8　隐蔽工程［灌注桩基础承台（连梁）］签证记录

隐蔽工程［灌注桩基础承台（连梁）］签证记录（线隐 8）

工程名称：　　　　　　　　　　　　　　　　　　　　　编号：

××××××××××××监理部：

　　××标段××××号基础，基础型号（A：××××、B：××××、C：××××、D：××××），降基面（−0.00m）。承台（连梁）钢筋数量、规格、绑扎、支模、各种尺寸均符合设计要求，砂、石、水泥、水和搅拌机等工器具均已运到桩位，请现场监督检查。

A 腿项目部专职质检员：×××　　　　施工队质检员：×××　　　　××××年××月××日
B 腿项目部专职质检员：×××　　　　施工队质检员：×××　　　　××××年××月××日
C 腿项目部专职质检员：×××　　　　施工队质检员：×××　　　　××××年××月××日
D 腿项目部专职质检员：×××　　　　施工队质检员：×××　　　　××××年××月××日

　　以下内容由项目部质检员填写，监理工程师现场检查签证：

序号	检查内容	标准		检查结果（mm）			
		允许误差（mm）		A	B	C	D
1	立柱、承台（连梁）断面尺寸（mm）	立柱：−1%	设计值				
			实测值				
		承台：−1%	设计值				
			实测值				
		连梁：−1%	设计值	AB	BC	CD	DA
			实测值				
2	立柱、承台（连梁）钢筋规格及数量	符合设计及规范要求		见续表	见续表	见续表	见续表
3	钢筋保护层厚度（mm）	−5	设计值	70	70	70	70
			实测值	68	69	68	69
4	钢筋表面质量	干净、平直		干净、平直	干净、平直	干净、平直	干净、平直
5	焊接（连接）钢筋检查	符合设计要求		符合规范要求	符合规范要求	符合规范要求	符合规范要求
6	地脚螺栓规格及数量	设计值：M68×1560×8		M68×1560×8	M68×1560×8	M68×1560×8	M68×1560×8
7	配合比	水泥/砂/石/水（kg）（每盘重）					
8	坍落度（mm）	30～50					
9	试块制作	数量按照工程施工工艺统一规定执行		按规定制作并标准养护			

序号	检查内容	标准			检查结果（mm）						
10	基础根开、对角线尺寸（mm）	螺栓式±2‰ 插入式±1‰ 高塔±0.7‰	设计值		AB	BC	CD	DA	AC	BD	
			实测值								

A 腿监理意见：	B 腿监理意见：	C 腿监理意见：	D 腿监理意见：
合格，同意浇筑。	合格，同意浇筑。	合格，同意浇筑。	合格，同意浇筑。
监理工程师：×××	监理工程师：×××	监理工程师：×××	监理工程师：×××
××××年××月××日	××××年××月××日	××××年××月××日	××××年××月××日

隐蔽工程［灌注桩基础承台（连梁）］签证记录（续表）

工程名称：　　　　　　　　　　　　　　　　　　　　　　设计桩号：

序号	部位		设计值		检查结果
1	立柱（mm）	A	主筋	$\phi28×2560×48$	
			外箍筋	$\phi8×6852×13$	
			内箍筋	$\phi8×6084×13$	
			内箍筋	$\phi8×5524×13$	
2		B	主筋	$\phi28×2560×48$	
			外箍筋	$\phi8×6852×13$	
			内箍筋	$\phi8×6084×13$	
			内箍筋	$\phi8×5524×13$	
3		C	主筋	$\phi28×2560×48$	
			外箍筋	$\phi8×6852×13$	
			内箍筋	$\phi8×6084×13$	
			内箍筋	$\phi8×5524×13$	
4		D	主筋	$\phi28×2560×48$	
			外箍筋	$\phi8×6852×13$	
			内箍筋	$\phi8×6084×13$	
			内箍筋	$\phi8×5524×13$	
5	承台（mm）	A	上平面主筋	$\phi20×3860×78$	
			下平面主筋	$\phi20×3860×78$	
			水平拉筋	$\phi16×4060×16$	
			垂直拉筋	$\phi16×1760×52$	
			架立筋	$\phi22×1540×16$	
6		B	上平面主筋	$\phi20×3860×78$	
			下平面主筋	$\phi20×3860×78$	
			水平拉筋	$\phi16×4060×16$	
			垂直拉筋	$\phi16×1760×52$	
			架立筋	$\phi22×1540×16$	

序号	部位		设计值		检查结果
7	承台（mm）	C	上平面主筋	$\phi20\times3860\times78$	
			下平面主筋	$\phi20\times3860\times78$	
			水平拉筋	$\phi16\times4060\times16$	
			垂直拉筋	$\phi16\times1760\times52$	
			架立筋	$\phi22\times1540\times16$	
8		D	上平面主筋	$\phi20\times3860\times78$	
			下平面主筋	$\phi20\times3860\times78$	
			水平拉筋	$\phi16\times4060\times16$	
			垂直拉筋	$\phi16\times1760\times52$	
			架立筋	$\phi22\times1540\times16$	
9	连梁（mm）	AB	上平面主筋	/	
			下平面主筋	/	
			水平拉筋	/	
			垂直拉筋	/	
			架立筋	/	
10		BC	上平面主筋	/	
			下平面主筋	/	
			水平拉筋	/	
			垂直拉筋	/	
			架立筋	/	
11		CD	上平面主筋	/	
			下平面主筋	/	
			水平拉筋	/	
			垂直拉筋	/	
			架立筋	/	
12		DA	上平面主筋	/	
			下平面主筋	/	
			水平拉筋	/	
			垂直拉筋	/	
			架立筋	/	

9. 线隐9　隐蔽工程（基础防腐处理）签证记录

隐蔽工程（基础防腐处理）签证记录（线隐9）

工程名称：　　　　　　　　　　　　　　　　　　编号：

×××××××××××监理部：
　　××标段×××号基础，基础型号（A：××××、B：××××、C：××××、D：××××），降基面（−0.00m）。现需进行防腐处理，请现场监督检查。
A腿项目部专职质检员：×××　　　施工队质检员：×××　　　××××年××月××日
B腿项目部专职质检员：×××　　　施工队质检员：×××　　　××××年××月××日
C腿项目部专职质检员：×××　　　施工队质检员：×××　　　××××年××月××日
D腿项目部专职质检员：×××　　　施工队质检员：×××　　　××××年××月××日
　　以下内容由项目部质检员填写，监理工程师现场检查签证：

涂料名称		氯化聚乙烯（HCPE）	生产厂家	××××××××			温度（℃）	

序号	项目类别		A		B		C		D	
1	基础型式		开挖		开挖		开挖		开挖	
2	腐蚀等级		强腐蚀		强腐蚀		强腐蚀		强腐蚀	
3	底漆涂刷时间间隔（h）	1道 2道	9		1道 2道 9		1道 2道 9		1道 2道 9	
	面漆涂刷时间间隔（h）	1道2道3道4道5道	11 11 11 11		1道2道3道4道5道 11 11 11 11		1道2道3道4道5道 11 11 11 11		1道2道3道4道5道 11 11 11 11	
4	底漆涂刷道数		2		2		2		2	
5	第一道防腐漆厚度（μm）	设计值	设计厚度：40~50		设计厚度：40~50		设计厚度：40~50		设计厚度：40~50	
		实际值	实际厚度：45		实际厚度：45		实际厚度：45		实际厚度：45	
6	第二道防腐漆厚度（μm）	设计值	设计厚度：40~50		设计厚度：40~50		设计厚度：40~50		设计厚度：40~50	
		实际值	实际厚度：45		实际厚度：45		实际厚度：45		实际厚度：45	
7	面漆涂刷道数		5		5		5		5	
8	第一道防腐漆厚度（μm）	设计值	40~50		40~50		40~50		40~50	
		实际值	45		45		45		45	
9	第二道防腐漆厚度（μm）	设计值	40~50		40~50		40~50		40~50	
		实际值	45		45		45		45	
10	第三道防腐漆厚度（μm）	设计值	40~50		40~50		40~50		40~50	
		实际值	45		45		45		45	
11	第四道防腐漆厚度（μm）	设计值	40~50		40~50		40~50		40~50	
		实际值	45		45		45		45	
12	第五道防腐漆厚度（μm）	设计值	40~50		40~50		40~50		40~50	
		实际值	45		45		45		45	

A腿监理意见：合格，同意隐蔽。监理工程师：×××　××××年××月××日	B腿监理意见：合格，同意隐蔽。监理工程师：×××　××××年××月××日	C腿监理意见：合格，同意隐蔽。监理工程师：×××　××××年××月××日	D腿监理意见：合格，同意隐蔽。监理工程师：×××　××××年××月××日

10. 线隐 10　隐蔽工程（接地线敷设）签证记录

隐蔽工程（接地线敷设）签证记录（线隐 10）

工程名称：　　　　　　　　　　　　　　　　　　　　　编号：

××××××××××××监理部：
　　××标段×××号基础接地线沟已经开挖完毕，接地线已经敷设，请检查。

项目部专职质检员：×××　　　　　施工队质检员：×××　　　　　填报日期：××××年××月××日

以下内容由项目部质检员填写，监理工程师现场检查签证：

序号	监理检查内容	标准		检查结果（m）			
		允许误差（m）		框线	L1	L2	L3	L4
1		接地钢筋埋设前						
	接地钢筋规格	符合设计要求	设计值	$\phi10$	$\phi10$	$\phi10$	$\phi10$	$\phi10$
			实测值	$\phi10$	$\phi10$	$\phi10$	$\phi10$	$\phi10$
	接地沟深度	符合设计要求	设计值	0.6	0.6	0.6	0.6	0.6
			实测值	0.65	0.62	0.71	0.66	0.63
	接地钢筋长度	−0.0	设计值	24	60	60	60	60
			实测值	24.4	60.2	60.5	60.3	60.8
	接地体之间连接（焊接）长度	符合《110kV～1000kV 架空输电线路施工及验收规范》（Q/GDW 10115—2022）第 11.7 条规定		符合《110kV～1000kV 架空输电线路施工及验收规范》（Q/GDW 10115—2022）要求				
	接地体总长（m）	设计值：264		266.2				
	接地型式	设计型式：B20S		B20S				
	两接地体间平行距离	不小于 5m		符合要求				
	接地体方向	尽量按等高线埋设		符合要求				
	接地模块规格、数量及安装位置	规格：$\phi150 \times 1200$　数量：40		符合设计要求				
	接地体埋设示意图							
		注意： 1. 现场对接地体焊接部位进行涂刷沥青进行防腐处理。 2. 简图中应标明接地焊接点及接地模块的安装位置。						
2		接地钢筋埋设后						
	接地线电阻（Ω）	设计值：20		4.7				
	回填土	符合《110kV～1000kV 架空输电线路施工及验收规范》（Q/GDW 10115—2022）第 7.19 条规定		符合	符合	符合	符合	符合

监理意见：
　　合格，同意隐蔽。

监理工程师：×××　　　　　　　　　　　　　检查日期：××××年××月××日

11. 线隐 11　隐蔽工程［导线、地线耐张（引流）液压］签证记录

隐蔽工程［导线、地线耐张（引流）液压］签证记录（线隐 11）

工程名称：　　　　　　　　　　　　　　　　　　　　　　　编号：

×××××××××××项目监理部：

　　第 3 标段，桩号 N181 送侧，压接管型号 NY-1250/70，导线/地线/引流压接准备工作就绪，请现场监督检查。

项目部专职质检员：×××　　　　　　　施工队质检员：×××　　　　　　×××××年××月××日

以下内容由项目部质检员填写，监理工程师现场检查签证：

压接管部位		极别		左极	左极	左极	左极	左极	左极
		线别		1	2	3	4	5	6
钢管	压前值（mm）	标称外径 $D=30$	最大	30.1	30.1	30.1	30.1	30.1	30.1
			最小	30	30	30	30	30	30
		内径 $d=11.7$	最大	11.9	11.9	11.9	11.9	11.9	11.9
			最小	11.6	11.6	11.6	11.6	11.6	11.6
		总管长 $L=150$		150	150	150	150	150	150
	压后值（mm）	对边距 $S=26.0$	最大	25.9	25.9	25.9	25.9	25.9	25.9
			最小	25.7	25.7	25.7	25.7	25.7	25.7
		压接长度		170	170	170	170	170	170
铝管	压前值（mm）	标称外径 $D=80$	最大	80.4	80.4	80.4	80.4	80.4	80.4
			最小	80.2	80.2	80.2	80.2	80.2	80.2
		内径 $d=52.6$	最大	52.6	52.6	52.6	52.6	52.6	52.6
			最小	52.4	52.4	52.4	52.4	52.4	52.4
		总管长 $L=795$		795	795	795	795	795	795
		拔梢长度 $L_1=150$		150	150	150	150	150	150

续表

压接管部位			极别	左极	左极	左极	左极	左极	左极
			线别	1	2	3	4	5	6
铝管	压后值（mm）	对边距 $S=69.0$	最大	68.9	68.9	68.9	68.9	68.9	68.9
			最小	68.8	68.8	68.8	68.8	68.8	68.8
		压接长度		440　125	440　125	440　125	440　125	440　125	440　125
压接管清洗是否干净				是	是	是	是	是	是
压接管压前外观检查				符合规范要求	符合规范要求	符合规范要求	符合规范要求	符合规范要求	符合规范要求
剥线长度（mm）				200	200	200	200	200	200
钢管压后是否防腐处理				是	是	是	是	是	是
压后钢管管口与铝线端面最小距离（mm）❶				25	25	25	25	25	25
铝管压接前预偏值（800mm² 以上导线）（mm）				50	50	50	50	50	50
铝管压接后铝管端部端面与钢锚环台阶的距离（mm）				10	10	10	10	10	10
压后值是否符合《大截面导线压接工艺导则》（Q/GDW 10571—2018）第 8.3 规定		铝管		符合	符合	符合	符合	符合	符合
		钢管		符合	符合	符合	符合	符合	符合
压接人钢印号				S	S	S	S	S	S
压接人签名				×××	×××	×××	×××	×××	×××
监理钢印号				1	1	1	1	1	1

监理意见：
　　合格，同意隐蔽。
监理工程师：×××　　　　　　　　　　　　　　　　　　　　　　××××年××月××日

---

❶ 此项为新增项目。

12. 线隐12 隐蔽工程（导线、地线直线液压）签证记录

隐蔽工程（导线、地线直线液压）签证记录（线隐12）

工程名称：   编号：

×××××××××××项目监理部： 　　第 3 标段，桩号 N181-N182，压接管型号 JYD-1250/70，<u>导线/地线</u>压接准备工作就绪，请现场监督检查。
项目部专职质检员：×××　　　　　施工队质检员：×××　　　　　××××年××月××日

以下内容由项目部质检员填写，监理工程师现场检查签证：

压接管部位		极别		左极	左极	左极	左极	左极	左极
		线别		1	2	3	4	5	6
钢管	压前值（mm）	标称外径 $D=30$	最大	30.1	30.1	30.1	30.1	30.1	30.1
			最小	30	30	30	30	30	30
		内径 $d=18.2$	最大	18.3	18.3	18.3	18.3	18.3	18.3
			最小	18.1	18.1	18.1	18.1	18.1	18.1
		总管长 $L=150$		150	150	150	150	150	150
	压后值（mm）	对边距 $S=26.0$	最大	25.9	25.9	25.9	25.9	25.9	25.9
			最小	25.7	25.7	25.7	25.7	25.7	25.7
		压接长度		170	170	170	170	170	170
铝管	压前值（mm）	标称外径 $D=80$	最大	80.4	80.4	80.4	80.4	80.4	80.4
			最小	80.2	80.2	80.2	80.2	80.2	80.2
		内径 $d=52.6$	最大	52.6	52.6	52.6	52.6	52.6	52.6
			最小	52.4	52.4	52.4	52.4	52.4	52.4
		总管长 $L=1010$		1010	1010	1010	1010	1010	1010

压接管部位		极别	左极	左极	左极	左极	左极	左极
		线别	1	2	3	4	5	6
铝管	压前值（mm）	拔梢长度 $L_1=150$	150	150	150	150	150	150
	压后值（mm）	对边距 $S=69.0$　最大	68.9	68.9	68.9	68.9	68.9	68.9
		对边距 $S=69.0$　最小	68.8	68.8	68.8	68.8	68.8	68.8
		压接长度	440　440	440　440	440　440	440　440	440　440	440　440
压接管清洗是否干净			是	是	是	是	是	是
压接管压前外观检查			符合规范要求	符合规范要求	符合规范要求	符合规范要求	符合规范要求	符合规范要求
剥线长度（mm）			200	200	200	200	200	200
钢管压后是否防腐处理			是	是	是	是	是	是
压后钢管管口与铝线端面最小距离（mm）❶			25	25	25	25	25	25
铝管压接前预偏值（800mm² 以上导线）（mm）			50	50	50	50	50	50
压后值是否符合《大截面导线压接工艺导则》（Q/GDW 10571—2018）第 8.3 条规定		铝管	符合	符合	符合	符合	符合	符合
		钢管	符合	符合	符合	符合	符合	符合
压接人钢印号			S	S	S	S	S	S
压接人签名			×××	×××	×××	×××	×××	×××
监理钢印号			1	1	1	1	1	1
监理意见：合格，同意隐蔽。 监理工程师：×××　　　　　　　　　　　　　　　　　　××××年××月××日								

---

❶ 此项为新增项目。